〈標本〉の発見

科博コレクションから

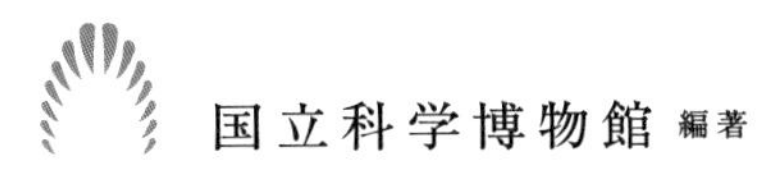

国立科学博物館 編著

National Museum of Nature and Science

国書刊行会

はじめに

国立科学博物館（以下「科博」）は、ヒトを除く現生生物だけで約450万点の標本（化石、岩石・鉱物、人類、理工学の標本・資料を加えると約500万点）と生きている植物（以下「リビングコレクション」）を保有しています。すべての標本には、採集から研究への活用に至るまで豊富なストーリーがともなっているはずですが、点数が膨大なために掘り下げて紹介できる機会はなかなかめぐってきません。本書では「日本の生物多様性保全」を切り口に、それを考えていくうえで重要な役割を担う標本を科博のコレクションから厳選しました。一方で、科博のコレクションは日本の生物多様性の時空間的分布を網羅するにはまだ十分ではなく、多くの不足があります。そのため、必要不可欠な標本は、他機関所蔵のものを紹介しています。過去に採集されたコレクションの中には、その場所から現在は姿を消してしまい、新たに収集するのは困難なものが少なくありません。国内各地の自然史系博物館と互いに補い合いながらコレクションを構築していくことも大変重要と考えられます。

　本書は6章構成となっています、1章（i）では

ヒトが野生生物に影響を与えた端的な例として、日本において絶滅判定を受けた生物を紹介します。多くの絶滅種が極めて限られた点数の標本しか残されておらず、紹介する標本はどれも大変貴重なものです。2章（ii）では、いったん絶滅宣言が出されたものの野生個体が再発見された種を紹介します。3章（iii）では、絶滅寸前種（絶滅危惧種の中でも、特に絶滅のおそれの高いもの）をとりまく状況を生物群ごとに見ていきます。4章（iv）では、ヒトの営みに翻弄されて生息状況が大きく変わってしまった生物をとりあげますが、減ったものだけでなく増えたものがいる点も重要なポイントです。5章（v）では、少し視点を変えて標本とリビングコレクションが互いに補い合って生物多様性保全に貢献している事例を見ていきます。最後の6章（vi）では標本を活用した新展開を、いくつかの成功事例で紹介します。

本書が、「博物館の展示室にずっと陳列されているもの」あるいは「収蔵庫で埃をかぶっているもの」といった標本に対する印象を払拭するきっかけになることを願っています。

CONTENTS

iv. ヒトと生き物

v. リビングコレクション

vi. 標本の挑戦

科博の現生生物コレクション

なにをどのくらい持っている？

科博は地球上の全生物を標本収集の対象としており、そのうち生物多様性保全に深く関わるものとして、動物研究部が管理するヒト以外の現生動物標本（約228万点）、植物研究部が管理する現生植物・菌類標本（約205万点）、筑波実験植物園が管理する生きた植物（約8万5,000個体）があります。標本は、ひとつの容器に含まれる複数個体をまとめて「1点」とカウントする分類があるため、実個体数はこれを上まわります。コレクションの産地を国別に見ると、日本産が最大数を占める点はほぼ全分類で共通します。右のグラフからは読み取れませんが、膨大な数の標本が整理されるのを待っています。

＊点数はいずれも令和2（2020）年度末現在

データベースは公開されている？

科博の収蔵標本数は着実に増加しています。増加の要因は館の職員による新規採集によるばかりでなく、個人からの寄贈や、大学・研究機関からの移管も近年大きな割合を占めています。

数が増えるにつれて、従来のように紙台帳や職員の経験にたよって必要な標本を収蔵庫から探し出すことは困難になり、標本の情報を電子化してデータベースを構築することが不可欠になっています。そのため、2000年代以降電子化が推進されていますが、すでに収蔵済みの標本の点数が膨大であることから、いまだ遡及しての電子化に着手できていない標本が残されているのが現状です。

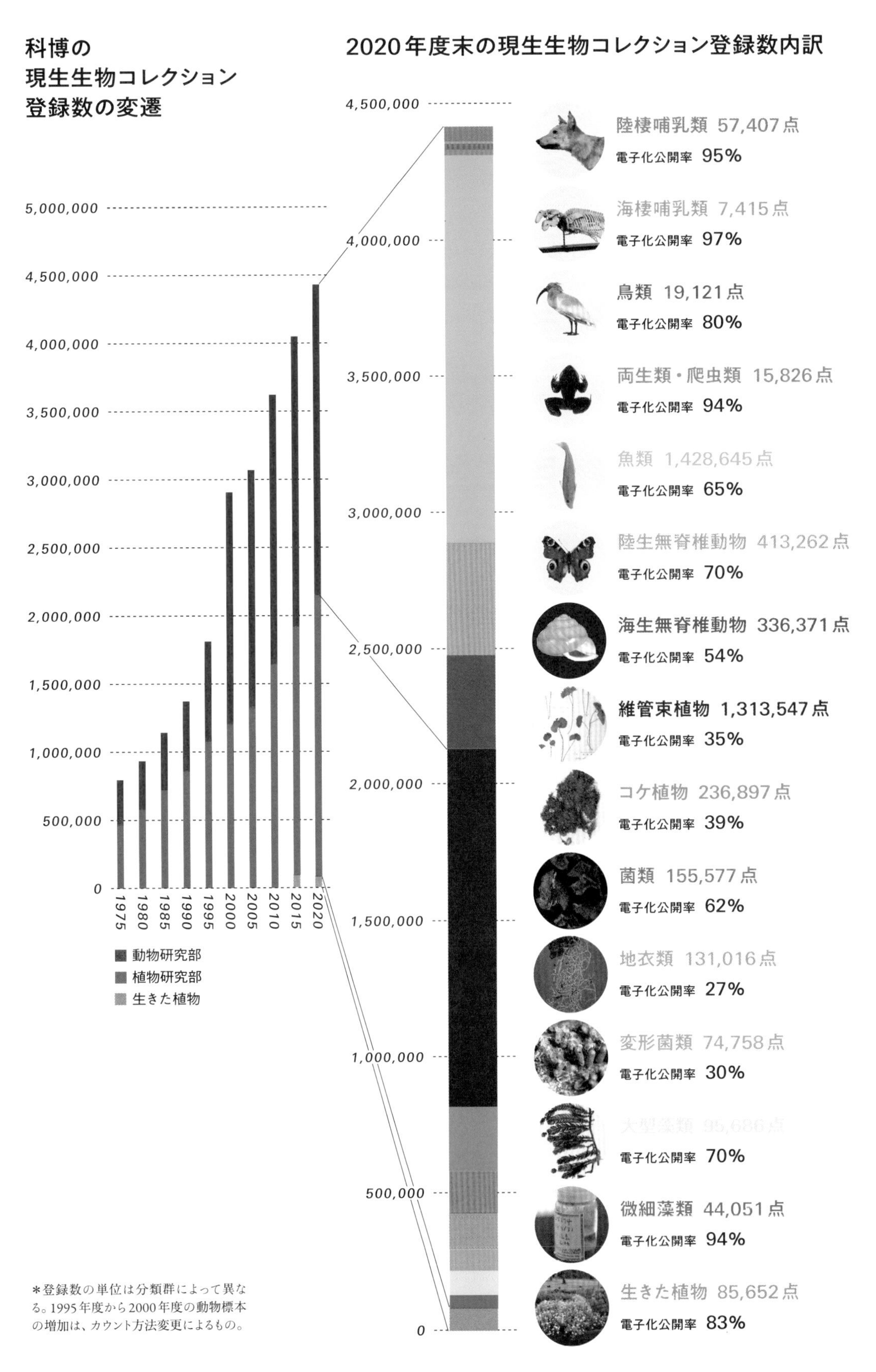

科博の
現生生物コレクション
登録数の変遷
5,000,000
4,500,000
4,000,000
3,500,000
3,000,000
2,500,000
2,000,000
1,500,000
1,000,000
500,000
0
1975
1980
1985
1990
1995
2000
2005
2010
2015
2020
動物研究部
植物研究部
生きた植物
2020年度末の現生生物コレクション登録数内訳
4,500,000
4,000,000
3,500,000
3,000,000
2,500,000
2,000,000
1,500,000
1,000,000
500,000
0
陸棲哺乳類 57,407点
電子化公開率 95%
海棲哺乳類 7,415点
電子化公開率 97%
鳥類 19,121点
電子化公開率 80%
両生類・爬虫類 15,826点
電子化公開率 94%
魚類 1,428,645点
電子化公開率 65%
陸生無脊椎動物 413,262点
電子化公開率 70%
海生無脊椎動物 336,371点
電子化公開率 54%
維管束植物 1,313,547点
電子化公開率 35%
コケ植物 236,897点
電子化公開率 39%
菌類 155,577点
電子化公開率 62%
地衣類 131,016点
電子化公開率 27%
変形菌類 74,758点
電子化公開率 30%
大型藻類 95,686点
電子化公開率 70%
微細藻類 44,051点
電子化公開率 94%
生きた植物 85,652点
電子化公開率 83%

*登録数の単位は分類群によって異なる。1995年度から2000年度の動物標本の増加は、カウント方法変更によるもの。

環境省による絶滅のおそれのある種のカテゴリー（ランク）

絶滅	EX	日本ではすでに絶滅したと考えられる種	
野生絶滅	EW	飼育・栽培化あるいは自然分布域の明らかに外側で野生化した状態でのみ存続している種	
絶滅危惧IA類	CR	ごく近い将来における野生での絶滅の危険性が極めて高いもの	絶滅危惧I類 CR＋EN
絶滅危惧IB類	EN	IA類ほどではないが、近い将来における野生での絶滅の危険性が高いもの	
絶滅危惧II類	VU	絶滅の危険が増大している種	
準絶滅危惧	NT	現時点での絶滅危険度は小さいが、生息条件の変化によっては「絶滅危惧」に移行する可能性のある種	
情報不足	DD	評価するだけの情報が不足している種	

・残存個体数や減少率、あるいはそれらから算出される絶滅確率の数値を用いた定量評価が徐々に導入されている。（各カテゴリーには、定量評価の詳細な基準が定められている）

・環境省によるカテゴリーは、「日本国内での絶滅のおそれ」の指標であり、同種の日本国外産個体群に関する情報は一切考慮していない。

・国際的なレッドリストでは、全野生種を対象に絶滅のおそれを評価し、上の表のどれにも該当しない種を「LC」というカテゴリーに分類するのがふつうだが、日本では「LC」は設定されていない。

本書で表示する絶滅危惧種のカテゴリーは、特記以外は環境省レッドリスト2020に準拠する。

環境省レッドリスト 2020
URL：https://www.env.go.jp/press/107905.html

レッドリスト種数表

	哺乳類	鳥類	爬虫類	両生類	汽水・淡水魚類	昆虫類	貝類	その他無脊椎動物	維管束植物	蘚苔類	藻類	地衣類	菌類	合計
EX	7	15	0	0	3	4	19	1	28	0	4	4	25	110
EW	0	0	0	0	1	0	0	0	11	0	1	0	1	14
CR	12	24	5	5	71	75	39	0	529	0	0	2	0	762
EN	13	31	9	20	54	107	28	2	520	0	0	0	1	785
CR＋EN	0	0	0	0	0	0	234	20	0	137	95	41	36	563
VU	9	43	23	22	44	185	328	43	741	103	21	20	24	1606
NT	17	22	17	19	35	351	440	42	297	21	41	41	21	1364
DD	5	17	3	1	37	153	89	44	37	21	40	46	51	544
合計	63	152	57	67	245	875	1177	152	2163	282	202	154	159	5748

標本写真の見方

本書ではおもに国立科学博物館が所蔵する標本約500万点のなかから、日本の生物多様性の変遷と現状を把握し、さらに種の保存に貢献するものを厳選して紹介します。

ツクバハコネサンショウウオ

環境省による絶滅のおそれのある種のカテゴリー(ランク)を示す。
*左ページ(p.8)を参照

日本の国土にのみ分布が知られている「日本固有種」を示す。
*p.36に詳細紹介

CR

ツクバハコネサンショウウオ(レプリカ)
Onychodactylus tsukubaensis

分類
有尾目サンショウウオ科
ハコネサンショウウオ属

分布
茨城県筑波山塊

所蔵
国立科学博物館

採集年月日
2014年

採集地
茨城県筑波山

サイズ
全長14cm

各標本のラベルに記載されている情報。採集年と採集地は、採集しやすい時期や場所を伏せるために非公開のものもある。

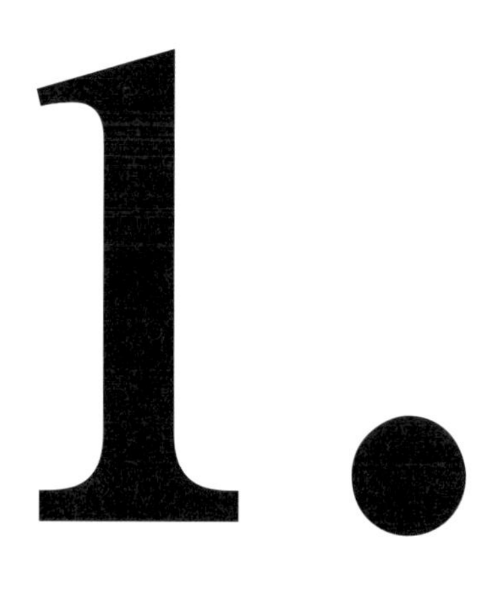

幻となった生き物

日本産生物のなかには、過去に捕獲・採集された標本が遺されていたり、古い図譜や書籍に鮮明に描かれていたりするにもかかわらず、ここ50年間ほど生きた状態で発見されていない「絶滅種」が110種*存在します。一度絶滅した生物を蘇らせることは不可能ですから、これ以上絶滅種が増えないよう、懸命の努力が続けられています。

*環境省レッドリスト2020で絶滅(EX)と判定された種数。日本で絶滅し、海外では生存している種も含む。

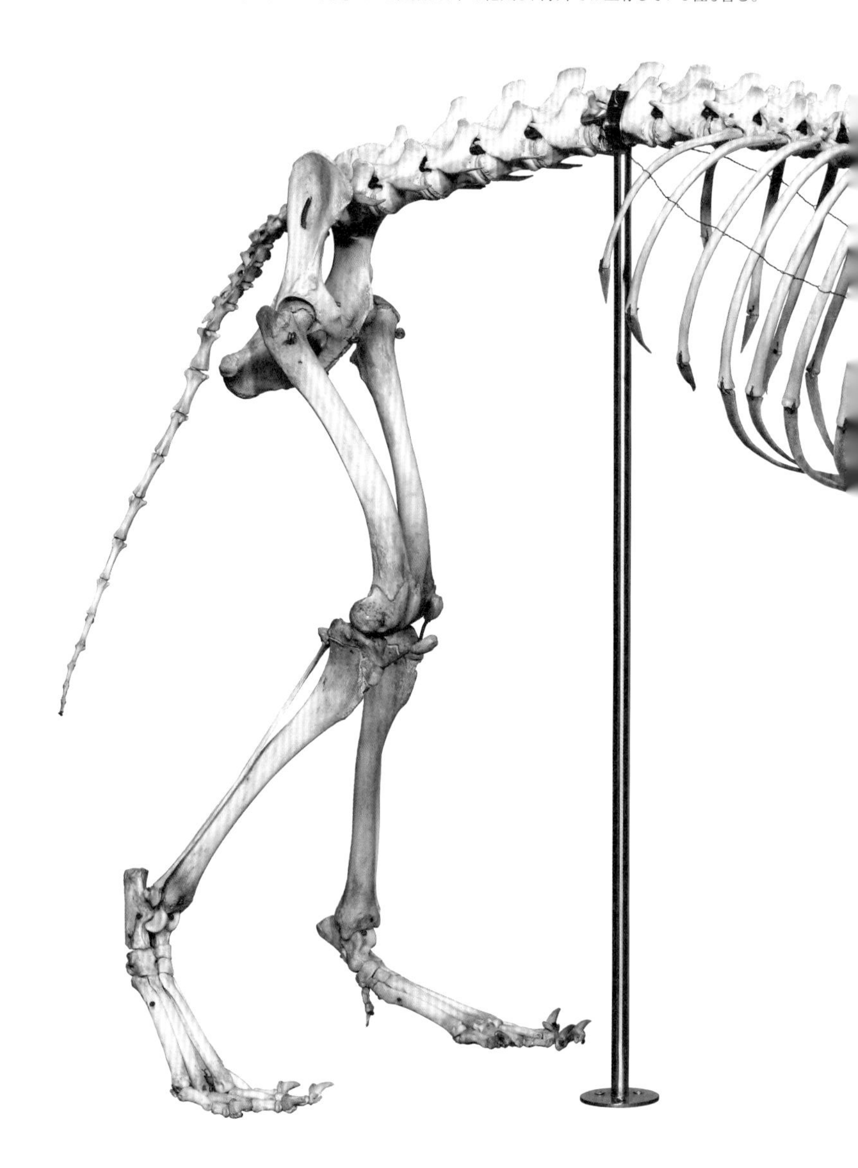

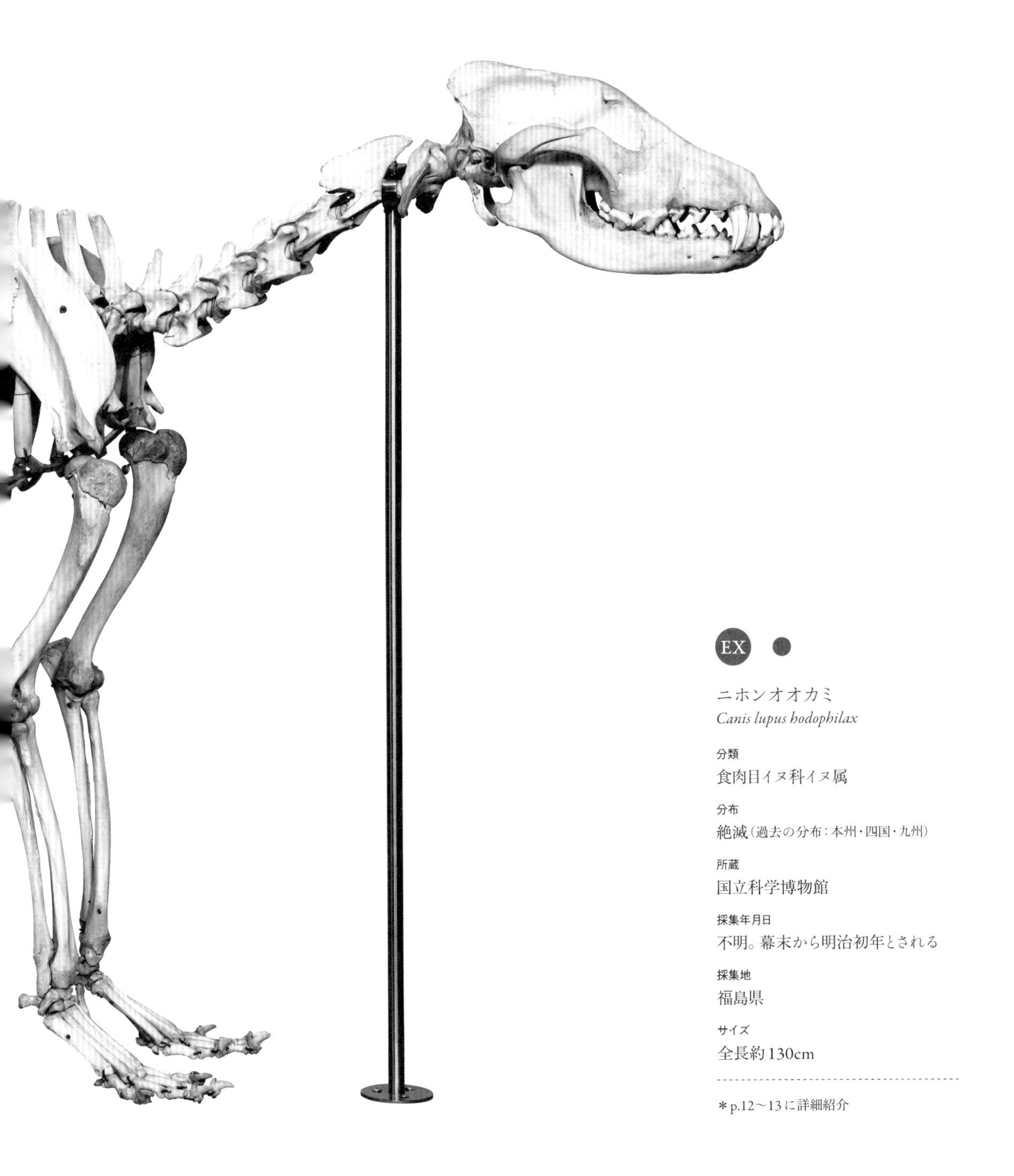

EX

ニホンオオカミ
Canis lupus hodophilax

分類
食肉目イヌ科イヌ属

分布
絶滅（過去の分布：本州・四国・九州）

所蔵
国立科学博物館

採集年月日
不明。幕末から明治初年とされる

採集地
福島県

サイズ
全長約130cm

＊p.12〜13に詳細紹介

日本の生態系の
頂点に立っていた種の絶滅

かつて日本の生態系の頂点として君臨していた食肉目イヌ科の肉食獣。明治維新頃にはすでにその数は激減し、1905年に大英自然史博物館の採集人マルコム・アンダーソンが奈良県で購入した個体を最後に確かな記録はありません。1910年に福井城下で捕殺されたオオカミの写真が残されていますが、飼育個体が逃亡したものである可能性もあり、標本が残されていないため判定できません。最近のDNA分析では、ニホンオオカミの祖先が「更新世の古い系統のオオカミと、最終氷期の後期に日本列島に入ってきた新しい系統との交雑により成立した」と報告されており、今後の研究が注目されます。

『両羽博物図譜（両羽獣類図譜）』に記録されたニホンオオカミ

作者
松森胤保

制作年
1883年頃～1892年

所蔵
酒田市立光丘文庫

この個体は「明治十四年三月八日鶴岡ニ於テ死シタル売物」とある。

ニホンオオカミ

ニホンオオカミ
Canis lupus hodophilax

分類
食肉目イヌ科イヌ属

分布
絶滅（過去の分布：本州・四国・九州）

所蔵
国立科学博物館

採集年月日
不明。幕末から明治初年とされる

採集地
福島県

サイズ
全長約130cm

福島県で幕末から明治初年頃に捕獲された個体。科博・地球館3階「大地を駆ける生命」において常設展示されている。

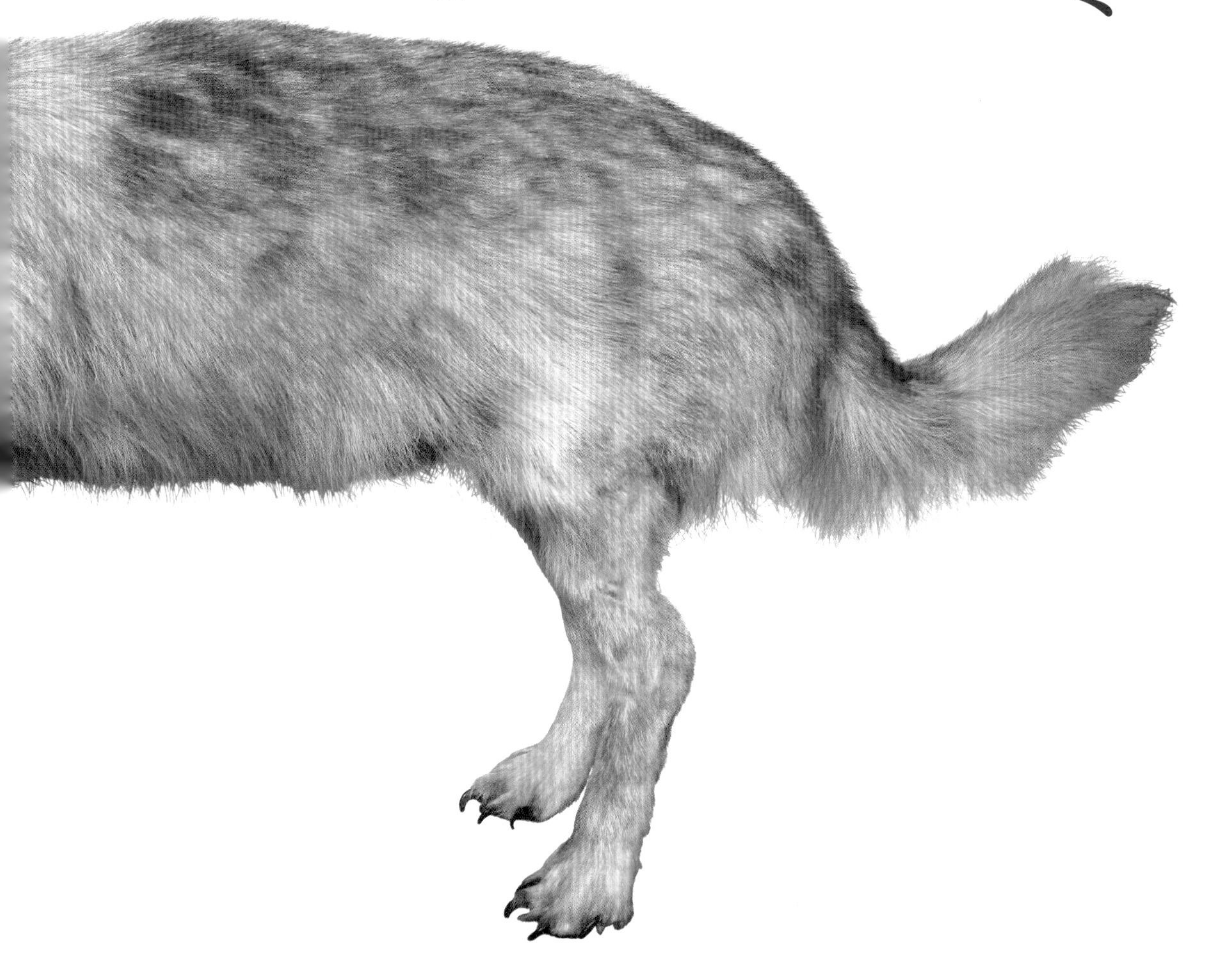

EX ●　I-002

ニホンカワウソ

毛皮目的の乱獲で絶滅

明治〜大正期までは、本州以南各地の河川に生息していた食肉目イタチ科の大形種。上質な毛皮を求めて明治から大正にかけて乱獲され、また漁業資源をめぐる軋轢によって、捕殺されたり漁網にかかったりして死亡したケースが多くあったようです。1970年代には高知県以外の場所ではほとんど絶滅してしまったと見られています。そして1979年に高知県の新荘川で目撃された個体を最後として、明確な個体情報がありません。2017年に長崎県対馬でカワウソが発見されたというニュースが報道されて大騒動になりましたが、大陸産のユーラシアカワウソであると考えられています。

『両羽博物図譜（両羽獣類図譜）』に記録されたニホンカワウソ

作者
松森胤保

制作年
1883年頃〜1892年

所蔵
酒田市立光丘文庫

彩色図には、観察日および観察地点の情報が添えられているものが多いが、本種については情報は見あたらない。本書執筆時の両羽地方（秋田県・山形県）では、本種はまだ多数生息していたと考えられる。

ニホンカワウソ
Lutra lutra nippon

分類
食肉目イタチ科カワウソ属

分布
絶滅（過去の分布：本州・四国・九州）

所蔵
国立科学博物館

採集年月日
1966年3月4日

採集地
愛媛県西宇和郡三崎町串（現在の伊方町串）

サイズ
69×21×19cm

1966年5月に愛媛県知事から昭和天皇に献上された標本。ほかの皇居内生物学御研究所所蔵標本とともに科博に移管された。

EX　I-003

チョウザメ

かつては北日本の多くの河川を遡上していた

チョウザメは日本の絶滅魚類の3種（チョウザメ、スワモロコ、ミナミトミヨ）のうちのひとつです。かつては東北と北海道の沿岸域にたくさん生息し、産卵のために河川を遡上していました。1930年代半ばごろから生息数が大きく減りはじめ、1960年代にはほとんど見られなくなりました。現在も産卵のために日本の河川を遡上する個体は見られないままであり、日本のチョウザメは絶滅したと考えられています。また、チョウザメ（*Acipenser medirostris*）は北日本から北アメリカにかけて広く分布すると考えられていましたが、日本に分布していたのはミカドチョウザメ（*Acipenser mikadoi*）との説が近年では有力です（本書ではチョウザメとして扱っています）。

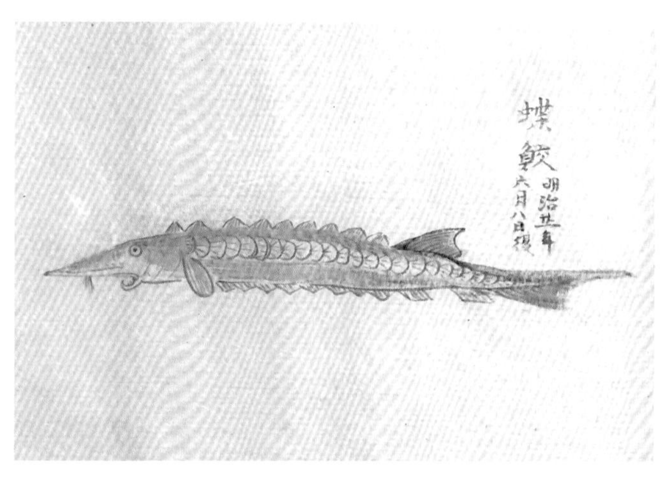

『両羽博物図譜（海魚部三）』に記録されたチョウザメ

作者
松森胤保

制作年
1883年頃〜1892年

所蔵
酒田市立光丘文庫

「明治廿一年六月八日」の日付がある。別の巻にもう1点チョウザメが収録されている。河口域などで網にかかることもあった。

チョウザメ
Acipenser medirostris

分類
チョウザメ目チョウザメ科
チョウザメ属

分布
北太平洋〜日本海

所蔵
国立科学博物館

採集年月日
1887年

採集地
北海道

サイズ
全長30cm

北海道内での詳細な採集地は不明。日本での絶滅前に採集され、残されていた貴重な標本。

CR

I-004

トキ

日本での
野生復帰のシンボル生物種

江戸時代まで、トキは日本各地で見られる普通の鳥でしたが、明治期に稲を踏み荒らす害鳥として、また美しい羽を目的として、狩りの標的になりました。その後の農薬の使用はトキに追いうちをかけ、1981年には最後に残った5羽を捕獲したことで野生絶滅となり、2003年には最後のトキ「キン」が死んで、日本のトキは途絶えました。その後、1999年に中国からのトキが佐渡トキ保護センターで繁殖に成功して以降、順調に数を増やし、2008年からは野外への放鳥が行われ、野生でも繁殖するようになり、野生復帰を果たしました。

『両羽博物図譜(両羽禽類図譜 鶴鶏部一)』に記録されたトキ

作者
松森胤保

制作年
1883年頃〜1892年

所蔵
酒田市立光丘文庫

「明治十二年四月十三日」の日付がある。「春初百鳥に先じて来る、松樹に巣、冬初去る。」と書かれており、越冬は別の地域で行ったと思われる。

トキ
Nipponia nippon

分類
ペリカン目トキ科トキ属

分布
日本〜中国東部

所蔵
国立科学博物館

採集年月日
1983年4月

採集地
新潟県佐渡島

サイズ
63×45×20cm

最後に残った日本のトキ5羽のなかの1羽で、「シロ」と名付けられた。卵詰まりで死亡し、繁殖期特有の婚姻色として頭部から背部の墨色が残る貴重な剥製である。

トキウモウダニ

I-005

トキに添い遂げて絶滅したダニ

ウモウダニは、鳥の羽について生活をしているダニの仲間で、羽毛について古い脂やカビなどを食べています。ウモウダニには、特定の種やグループの鳥にしかつかないものが多くいて、宿主である鳥種がその個体数を減らすと、依存しているウモウダニも危機的な状態におちいってしまうと考えられます。

日本からいったん姿を消してしまった鳥の代表格がトキですが、そのトキについていたウモウダニはどうなったのでしょうか？ トキからは、トキウモウダニとトキエンバンウモウダニの2種のウモウダニが知られています。どちらも、トキだけに寄生すると考えられています。最近、日本産トキの標本と、中国陝西省から導入された個体群について、ウモウダニの調査が行われました。その結果、日本産のトキ標本の羽からはトキウモウダニとトキエンバンウモウダニの両方が見つかりましたが、中国産のものからはトキエンバンウモウダニだけが見つかりました。このことから、日本のトキウモウダニは、日本産のトキとともに絶滅してしまったと考えられています。この研究結果を受け、トキウモウダニは、2020年に環境省レッドリストでのカテゴリーが野生絶滅（EW）から絶滅（EX）に変更されました。

生物は、場所ごとに異なる多様な生物と関わり合いながら生きています。ある種を再導入したからといって、その種とつながりのある生物がすべて元に戻るとは限らないのです。

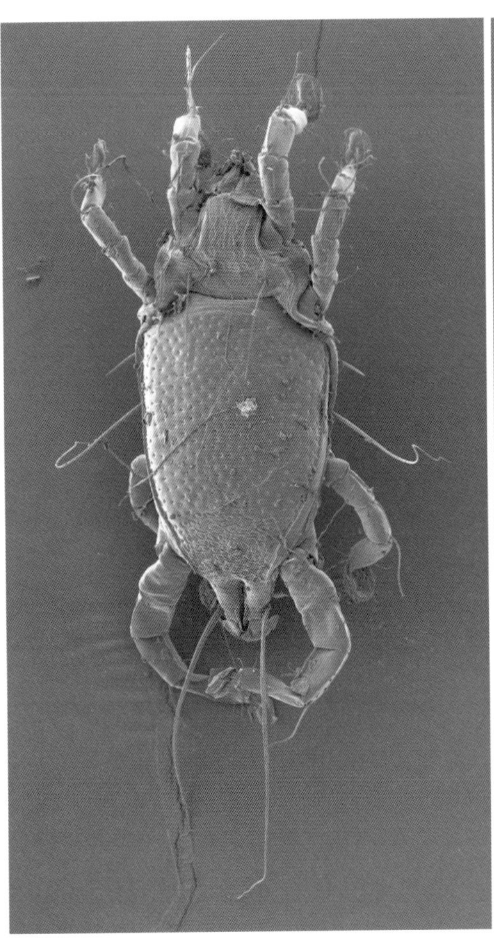

EX

トキウモウダニ
Compressalges nipponiae

分類
ダニ目トキウモウダニ科
*Compressalges*属

分布
日本;朝鮮半島・ロシア(以上すべて絶滅)・中国(おそらく絶滅)

所蔵・写真提供
島野智之・脇 司

採集年月日
1993年〜1994年

採集地
新潟県佐渡

サイズ
体長約0.4mm

トキの風切羽についている。日本産最後のトキ個体(キン)の標本の羽から得られた。

トキエンバンウモウダニ
Freyanopterolichus nipponiae

分類
ダニ目Kramerellidae科
*Freyanopterolichus*属

分布
日本;朝鮮半島・ロシア(以上すべて絶滅)・中国

所蔵・写真提供
脇 司・島野智之

採集年月日
1993年〜1994年

採集地
新潟県佐渡

サイズ
体長約0.4mm

からだは円形に近い。これも日本産最後のトキ個体(キン)の標本の羽から得られた。

ムコジマメグロ

絶滅後に発見された「隠蔽種」

メグロにはハハジマメグロとムコジマメグロの２つの亜種が知られてきました。ハハジマメグロは小笠原諸島母島列島に分布し、生息数１万羽程度と推定される絶滅危惧種です（絶滅危惧 IB類：EN）。ムコジマメグロは父島と聟島列島で記録されていますが、20世紀中頃までに絶滅し、標本が残されているだけです（絶滅：EX）。

科博の総合研究で、ロシアのサンクトペテルブルグの博物館に所蔵されるタイプ標本を含め多数の博物館標本からのDNAを分析したところ、２つの亜種が別種レベルに異なるだけでなく、父島と聟島の間でも同様に異なることを発見しました。

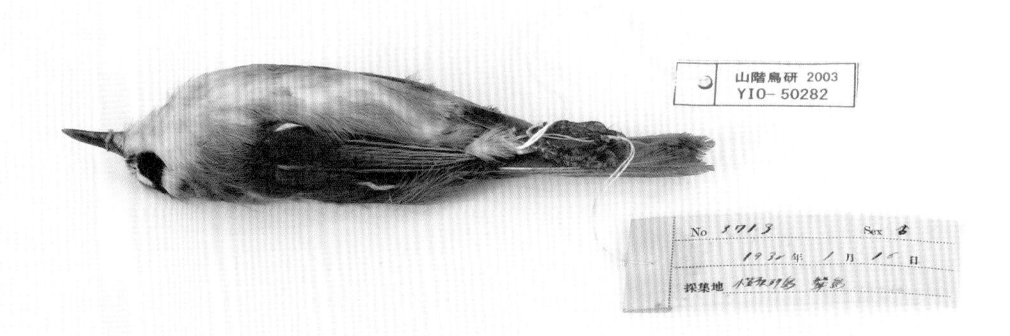

ムコジマメグロ

Apalopteron familiare familiare

分類

スズメ目メジロ科メグロ属

分布

絶滅(過去の分布:東京都小笠原諸島〔父島・聟島〕)

左ページ(p.22)

所蔵

山階鳥類研究所

採集年月日

1930年1月16日

採集地

東京都小笠原諸島聟島

サイズ

12×4×3cm

亜種ムコジマメグロの聟島産の剝製標本。

右ページ(p.23)

所蔵

国立科学博物館

採集年月日

1910年11月

採集地

東京都小笠原諸島"父島"

サイズ

12×4×3cm

この剝製は父島産とされるが、DNA分析の結果、父島産のタイプ標本とは異なり、聟島産と配列が一致した。

タカノホシクサ、チャイロテンツキほか

日本から消え、地球上からも消えた8種の種子植物

環境省レッドリスト2020では、22種（変種含む）の種子植物が絶滅種（EX）と判定されています。そのうち8種は日本国外では記録されたことがない固有種であることから、それらは日本からの絶滅と同時に地球上からも絶滅した植物ということになります。科博には8種中5種の標本が収蔵されています。

自生地が局限されていながらも比較的個体数が多かったタカノホシクサのような種がある一方で、チャイロテンツキのようにたった1回採集されただけの種もあり、絶滅の背景は種ごとに異なっています。

環境省レッドリスト2020で絶滅（EX）と判定された種子植物

	和名	学名	日本固有
1*	ホソバノキミズ	*Elatostema lineolatum* var. *majus*	
2	カラクサキンポウゲ	*Ranunculus gmelinii*	
3	ツクシアキツルイチゴ	*Rubus hatsushimae*	
4	ソロハギ	*Flemingia strobilifera*	
5	サガミメドハギ	*Lespedeza hisauchii*	○
6	オウミコゴメグサ	*Euphrasia insignis* var. *omiensis*	○
7	マツラコゴメグサ	*Euphrasia insignis* subsp. *insignis* var. *pubigera*	○
8	クモイコゴメグサ	*Euphrasia multifolia* var. *kirisimana*	○
9	トヨシマアザミ	*Cirsium toyoshimae*	○
10	ヒメソクシンラン	*Aletris makiyataroi*	
11	ミドリシャクジョウ	*Burmannia coelestris*	
12	キリシマタヌキノショクダイ	*Thismia tuberculata*	○
13	タカノホシクサ	*Eriocaulon cauliferum*	○
14	タチガヤツリ	*Cyperus diaphanus*	
15	ホクトガヤツリ	*Cyperus procerus*	
16	チャイロテンツキ	*Fimbristylis takamineana*	○
17	イシガキイトテンツキ	*Fimbristylis pauciflora*	
18	タイワンアオイラン	*Acanthephippium striatum*	
19	ツクシサカネラン	*Neottia kiusiana*	
20	ツシマラン	*Odontochilus poilanei*	
21	ジンヤクラン	*Renanthera labrosa*	
22*	ムニンキヌラン	*Zeuxine boninensis*	

*環境省レッドリスト2020の公表後に再発見された種。その様子は「ii. 再発見と復活」で紹介。

黄色…図版を掲載した種。緑色…本書別項目に図版を掲載した種。

タカノホシクサ

Eriocaulon cauliferum

分類

イネ目ホシクサ科
ホシクサ属

分布

絶滅（過去の分布：群馬県多々良沼周辺）

所蔵

国立科学博物館

採集年月日

1953年10月19日

採集地

群馬県館林市多々良沼

サイズ

31×43cm

1909年に発見されたが、1960年頃に環境変化により絶滅したと考えられている。

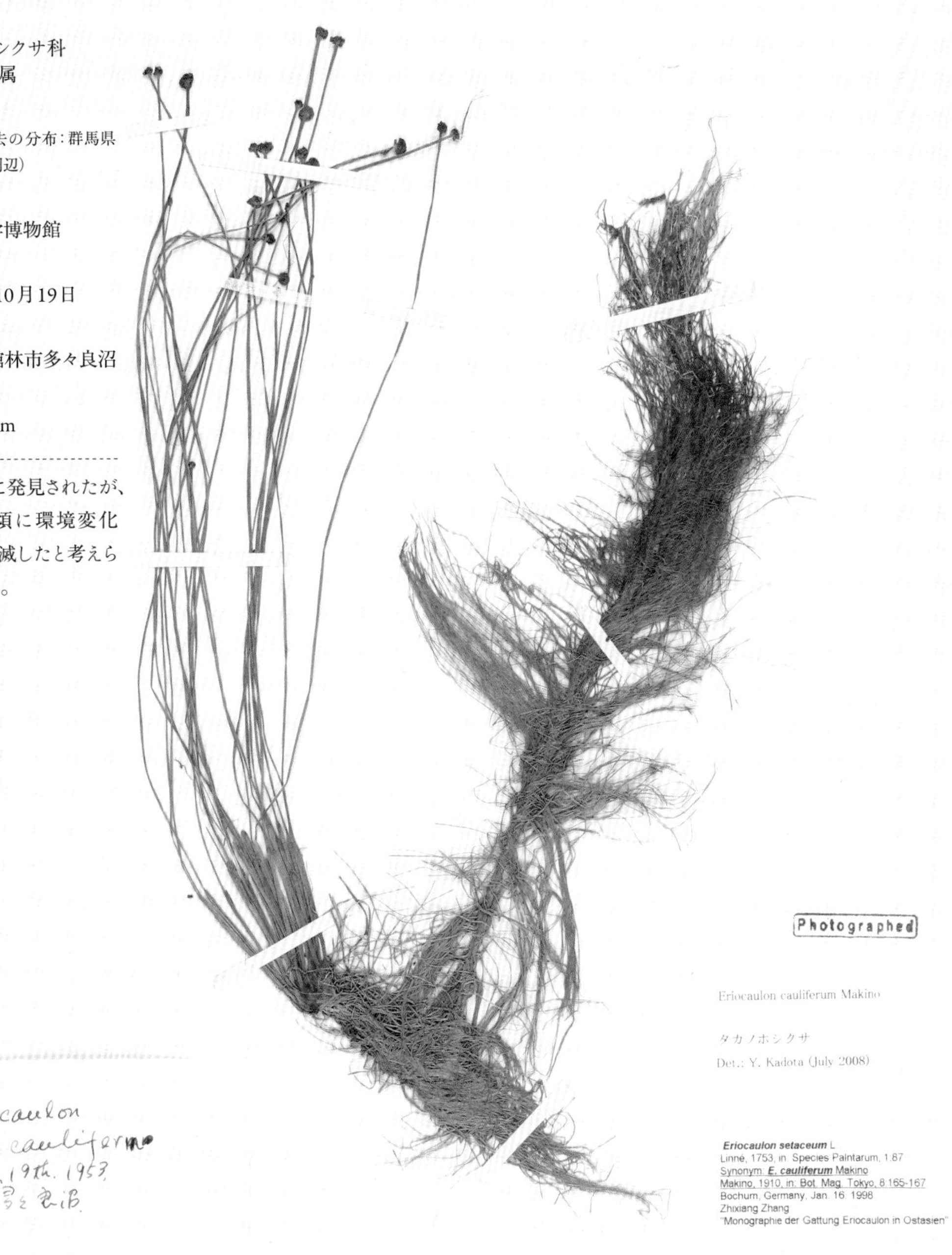

Loan No. 95-4-10
National Science Museum, Tokyo
Shinjuku-ku, TOKYO 196 Japan
Photographed
Eriocaulon cauliferum Makino
タカノホシクサ
Det.: Y. Kadota (July 2008)
Eriocaulon setaceum L.
Linné, 1753, in: Species Paintarum, 1.87
Synonym: E. cauliferum Makino
Makino, 1910, in: Bot. Mag. Tokyo, 8:165-167
Bochum, Germany, Jan. 16. 1998
Zhixiang Zhang
"Monographie der Gattung Eriocaulon in Ostasien"
Eriocaulon cauliferum
Oct. 19th. 1953
多々良沼
第19回晴業展出品寄贈

Eriocaulon cauliferum MAKINO
タカノホシクサ
上州館林市多々良沼
1953年10月19日
廣井敏男(HIROI, T.)採集
Planta endemica
(廣井敏男)

No. 110783 国立科学博物館 F.261
NATIONAL SCIENCE MUSEUM
Eriocaulon cauliferum Makino
タカノホシクサ
上野 館林市多々良沼
Oct. 19, 1953 広井敏男

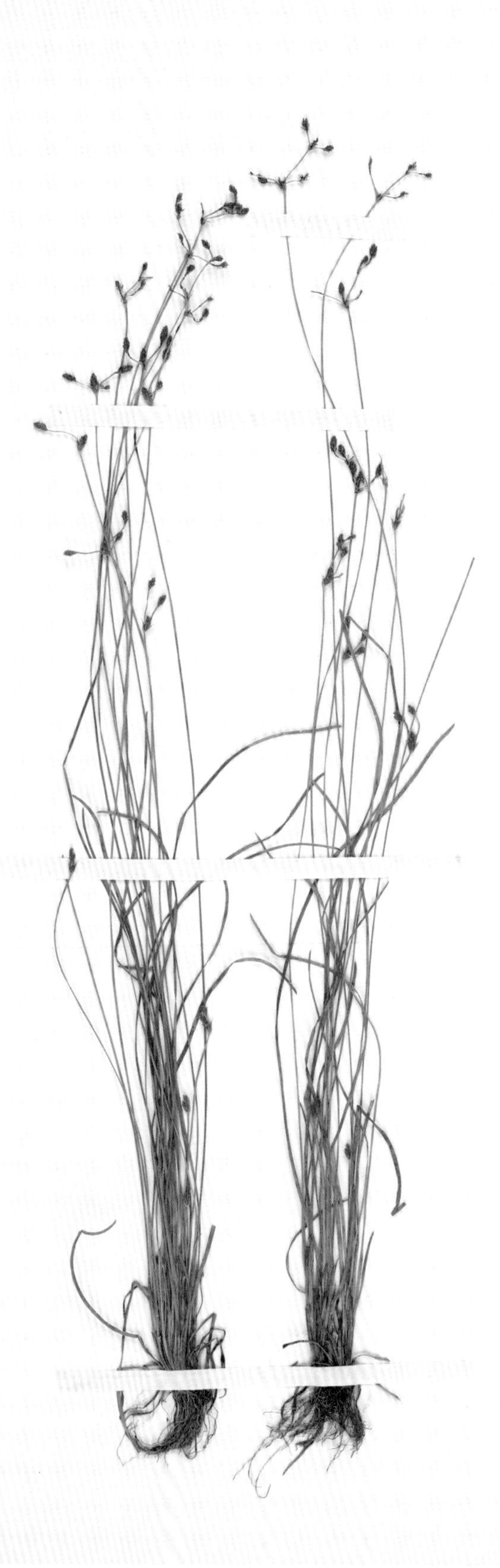

チャイロテンツキ
Fimbristylis takamineana

分類
イネ目カヤツリグサ科テンツキ属

分布
絶滅（過去の分布：沖縄県石垣島）

所蔵
国立科学博物館

採集年月日
1936年7月

採集地
沖縄県石垣島

サイズ
31×43cm

アイソタイプ（副基準標本）。1度だけ採集され、以後確認されていない。

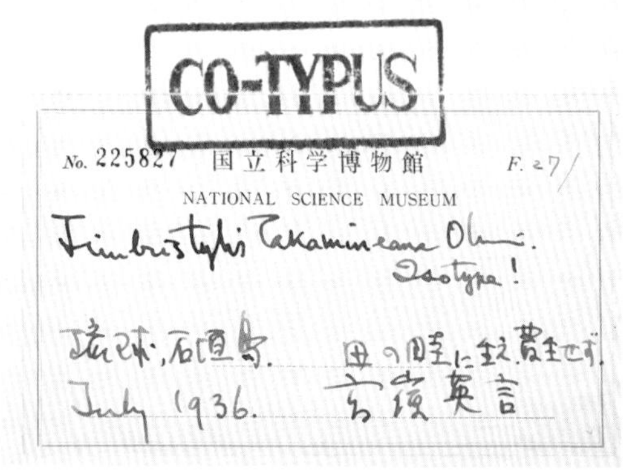

オウミコゴメグサ
Euphrasia insignis var. *omiensis*

分類
シソ目ハマウツボ科コゴメグサ属

分布
絶滅（過去の分布：滋賀県比良山）

所蔵
国立科学博物館

採集年月日
1927年9月24日

採集地
滋賀県比良山

サイズ
31×43cm

ホロタイプ（正基準標本）。発見時の標本が2点残されているのみ。

クモイコゴメグサ
Euphrasia multifolia var. *kirisimana*

分類
シソ目ハマウツボ科コゴメグサ属

分布
絶滅（過去の分布：霧島山系〔宮崎県・鹿児島県〕）

所蔵
国立科学博物館

採集年月日
1920年9月5日

採集地
鹿児島県霧島山

サイズ
31×43cm

アイソタイプ（副基準標本）と思われる。シカ食害の影響を受け、最近20年以上確認されていない。

サガミメドハギ
Lespedeza hisauchii

分類
マメ目マメ科ハギ属

分布
絶滅（過去の分布：神奈川県・東京都）

所蔵
国立科学博物館

採集年月日
1930年9月15日

採集地
神奈川県平塚

サイズ
31×43cm

オオバメドハギ（外来種）の標本のなかから1999年に見出された新種。記載された時点で絶滅していた。

コウヨウザンカズラ

再発見が期待される
奄美大島の着生シダ植物

シダ植物小葉類のコウヨウザンカズラは、日本では奄美大島で1966年に1回だけ採集されて以降、確認されていない絶滅種です。採集時には「ダムに水没した立ち枯れの木の、水面上4mほどの所に着生していた」と記録されています。採集された時期は発電目的の新住用川ダムの竣工から間もなく、ダムの湛水にともなって水没した樹木が倒れずに残っていたところに、コウヨウザンカズラが着生していたようです。その枯木は現在ではおそらく残っていないと思われますが、ダムの周辺は植物の調査のためにアクセスできるルートは限られていることから、通常の方法ではアクセス困難な地点に生き残っている可能性は十分にあります。

また、軽い小さな胞子の風散布によって分散するシダ植物は、長距離の移動に成功する確率が比較的高いようで、南方系や大陸系の種が日本でごくわずかに見つかる事例がいくつもあることから、海外から再度胞子が飛来して定着することによる「復活」も期待できそうです。

ドローンで湖面上から撮影した新住用川ダム。

コウヨウザンカズラ

Phlegmariurus cunninghamioides

分類

ヒカゲノカズラ目ヒカゲノカズラ科
ヨウラクヒバ属

分布

鹿児島県奄美大島(絶滅);台湾

所蔵

国立科学博物館
(筑波大学からの移管標本)

採集年月日

1966年4月3日

採集地

鹿児島県奄美大島住用川ダム

サイズ

31×43cm

唯一と思われる日本産標本。東京教育大学から筑波大学を経て国立科学博物館に収蔵された。未成熟株で胞子はついていない。

再発見できない 仙台青葉山の絶滅きのこ

本種は1914年に宮城県仙台市で採集されて以来、再発見例がありません。高さ3cm前後の小型のきのこで、国立科学博物館に収蔵されている標本からは、多数が群生することがわかります。標本ラベルに「お裏林」と手書きで記載があり、現在の東北大学植物園付近で採集されたのでしょう。周囲の環境は現在でも良好に保たれており、このように大量に発生するきのこが絶滅するとはあまり考えられません。これまで植物園での調査に加え、地元の仙台キノコ同好会などに情報提供を呼びかけましたが、いまのところ再発見には至っていません。

本種の再発見を目指して、東北大学植物園での調査を継続していますが、広大な植物園のどの箇所を調べるか、悩ましいところです。現在の分類体系のとおりニンギョウタケモドキ属のきのこだとすると、菌根菌ということになり、植物園の植生からブナ科もしくはマツ科樹木の下に生える可能性が高いでしょう。ただし、例えば同じマツ科でも、アカマツ林とモミ林では環境も見るべきポイントもまったく異なります。そこで、子実体ではなくDNAの検出を目指して、タイプ標本および園内土壌のDNA分析も並行して実施しています。

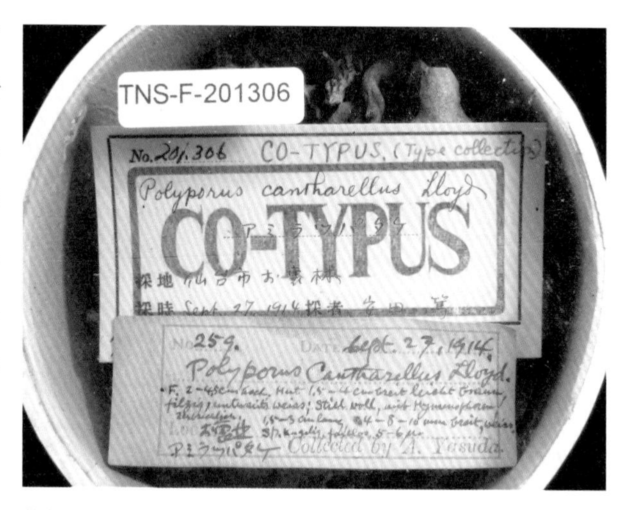

当時の分類ではタマチョレイタケ属 *Polyporus* とされていたことがわかる。

アミラッパタケ
Albatrellus cantharellus

分類
ベニタケ目ニンギョウタケモドキ科
ニンギョウタケモドキ属

分布
宮城県仙台市

所蔵
国立科学博物館

採集年月日
1914年9月27日

採集地
宮城県仙台市「お裏林」

サイズ
高さ約2〜4cm

アイソタイプ（副基準標本）。1914年以来、まったく採集された記録がない。

小笠原諸島の絶滅陸貝

標本と文献で偲ぶ儚い生物たち

小笠原諸島は、東京から約1,000km南にある亜熱帯の島々です。本土と一度も陸続きになったことがないため、島にたどりついた生物は独自の進化をとげ、多くの固有種が生まれました。ところが、島の面積が狭いので環境変動の影響を受けやすいうえ、生息場所が限られます。さらに、島外から入ってきた外来種の影響が深刻で、多くの固有種が絶滅の渦に巻き込まれています。残念ながら、哺乳類1種、鳥類6種、陸貝類19種、植物2種（亜種含む）はすでに絶滅してしまいました。標本と文献資料が、どのような生物だったかを知る唯一の手がかりです。

東洋のガラパゴスとよばれる小笠原諸島に分布する生物のなかで、もっとも顕著に適応放散をしているのは陸に棲む貝の仲間、陸貝です。小笠原諸島には、まだ学名の付けられていない種（未記載種）を含めて120以上の在来種が分布しており、そのうちの95%以上が固有種です。しかし、森林の破壊や、外来生物の影響を受けて、少なくとも19の種が絶滅してしまっています。また、父島ではせっかく生き延びてきた種の多くも、近年に持ち込まれたプラナリアの仲間のニューギニアヤリガタリクウズムシによって、野生ではほぼ絶滅状態となっています。

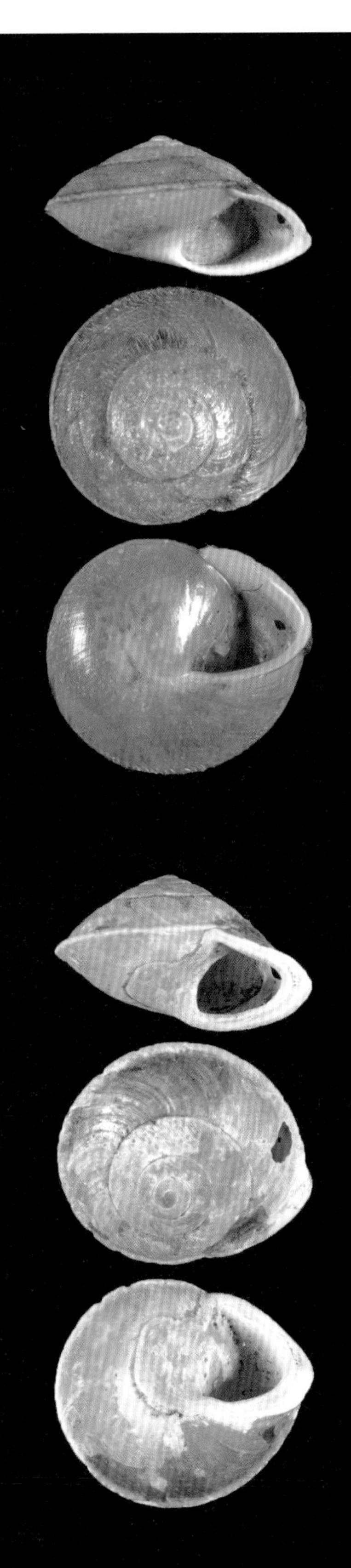

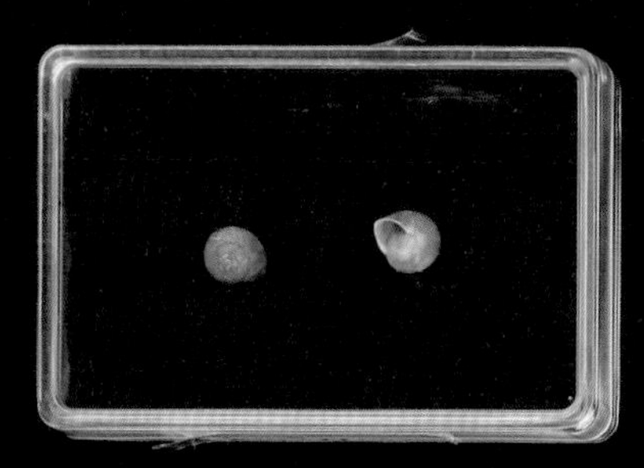

チチジマヤマキサゴ
Ogasawarana chichijimana

分類
アマオブネ目
ヤマキサゴ科
オガサワラヤマキサゴ属

分布
東京都小笠原諸島父島

所蔵
国立科学博物館

採集年月日
1902年11月〜1903年5月

採集地
東京都小笠原諸島父島

サイズ
殻径9mm

本属は小笠原諸島固有。14種の既知種のうち5種が絶滅している。

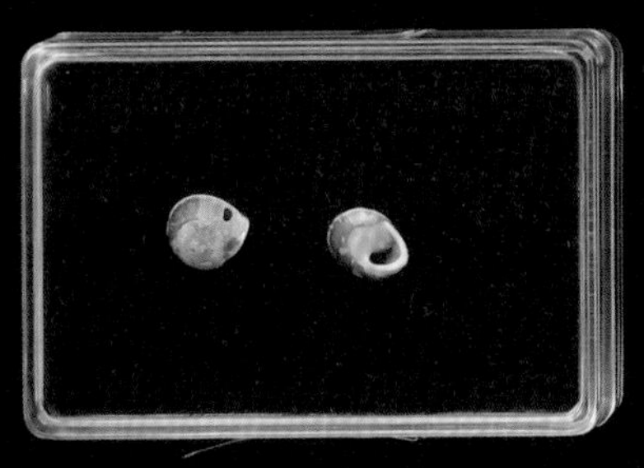

アカビシヤマキサゴ
Ogasawarana rex

分類
アマオブネ目
ヤマキサゴ科
オガサワラヤマキサゴ属

分布
東京都小笠原諸島父島

所蔵
国立科学博物館

採集年月日
1902年11月〜1903年5月

採集地
東京都小笠原諸島父島

サイズ
殻径9mm

本属の最大種。新種記載時には既に絶滅していた。

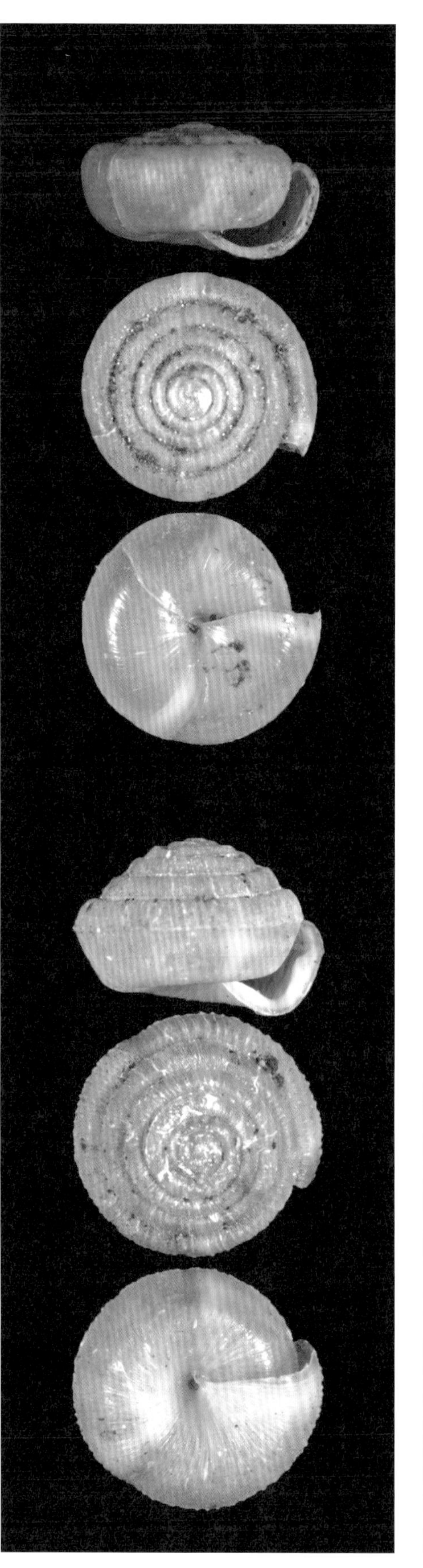

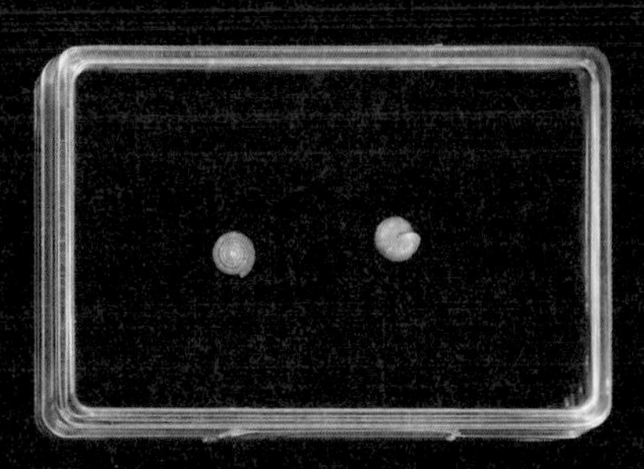

エンザガイ
Hirasea sinuosa

分類
マイマイ目
ベッコウマイマイ科
エンザガイ属

分布
東京都小笠原諸島母島

所蔵
国立科学博物館

採集年月日
1902年11月〜1903年5月

採集地
東京都小笠原諸島母島

サイズ
殻径5mm

本属は小笠原諸島固有。17種のち11(亜)種が絶滅している。

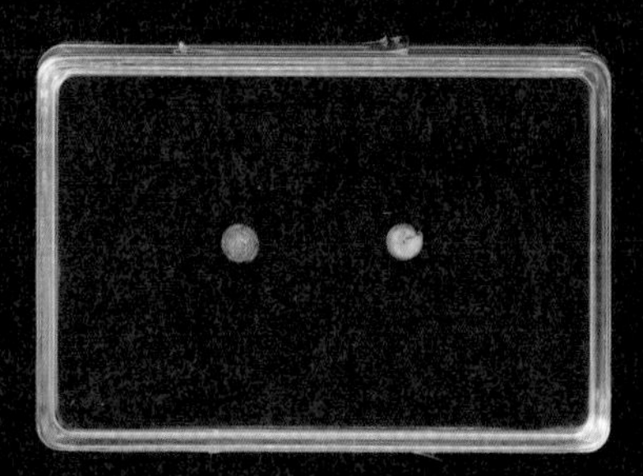

ソコカドエンザガイ
Hirasea goniobasis

分類
マイマイ目
ベッコウマイマイ科
エンザガイ属

分布
東京都小笠原諸島父島

所蔵
国立科学博物館

採集年月日
1902年11月〜1903年5月

採集地
東京都小笠原諸島父島

サイズ
殻径4mm

本属の種は平たいものから背の高いものまで多様性が高い。

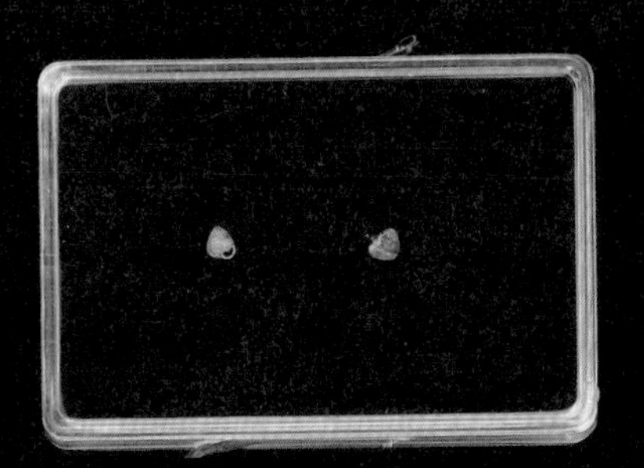

エンザガイモドキ
Hirasiella clara

分類
マイマイ目
ベッコウマイマイ科
エンザガイモドキ属

分布
東京都小笠原諸島父島

所蔵
国立科学博物館

採集年月日
1902年11月〜1903年5月

採集地
東京都小笠原諸島父島

サイズ
殻径3mm

本種は一属一種からなり、属レベルで絶滅している。

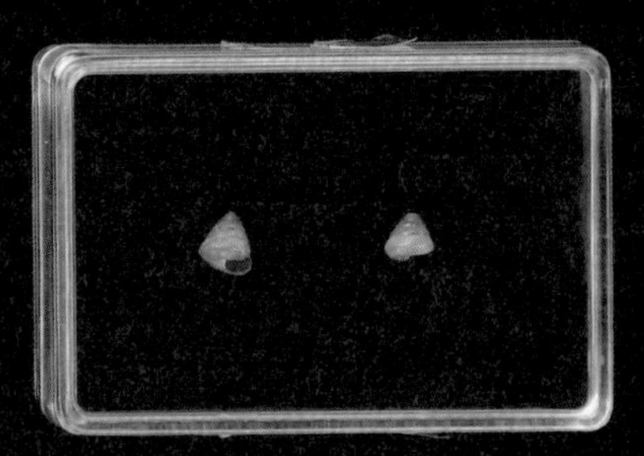

オガサワラキビ
Trochochlamys ogasawarana

分類
マイマイ目シタラ科
カサキビガイ属

分布
東京都小笠原諸島母島

所蔵
国立科学博物館

採集年月日
1902年11月〜1903年5月

採集地
東京都小笠原諸島母島

サイズ
殻径5mm

本属は本州にも多くの種が分布するが、本種は小笠原諸島固有。

column

「日本固有種」とはなにか？

日本の国土にのみ分布が知られている種を「日本固有種」と言います。日本は世界的に見ても固有種が豊富であることが知られており、そのことが「生物多様性ホットスポット」に選ばれた根拠にもなっています。人為的に引かれた国境線は、世界的に見れば生物の分布とは関係しないこともあります。しかし、日本は、国を取り囲むすべての国境線が海上に引かれていることから、国土に固有の種を把握することは、日本列島とその周辺地域のみの範囲に生息・生育している生物種の解明につながり、生物学的な意義が大きいといえます。

科博では、研究の成果にもとづいて、日本固有種の目録を順次作成し、公開しています。分布域を正確に把握するのが難しい外洋性の生物などについては課題もありますが、固有種の把握は、生物種の保全上の優先度を検討する際にも重要な材料となります。

環境省のレッドリストに掲載される絶滅危惧種は、日本国内での絶滅のおそれの評価をもとに選定されるため、同じ種が海外に分布するかどうかは考慮されていません。日本における絶滅危惧種が、地球規模でも絶滅危惧種といえるかどうかを知るために、国際的なレッドリスト（IUCN レッドリスト）における未評価種の絶滅リスク評価を早期に進めることが重要となります。

さまざまな日本固有種。上から、アカメ、スズキケイソウ、ハヤチネウスユキソウ、ヤエヤマヤシ。

11. 再発見と復活

科博の筑波実験植物園の培養室で育成されるシマクモキリソウ。南硫黄島の菌類と共生して成長している。

いったんは“日本から絶滅”の判定が下されながらも、再発見によって、「絶滅種」を脱した例が存在します。幸運にも復活を遂げた種や、復活が期待される種をめぐるストーリーを紹介します。

EX 2-001

ホソバノキミズ

2020年に再発見された奄美大島の“絶滅”植物

イラクサ科のホソバノキミズは、アジアに広く分布する植物で、高さ50cmから2m程度の低木です。小泉源一は、1928年に「オオキミズ *Elatostoma tumidulum*」という新種を奄美大島で採集された標本を元に発表しましたが、その後誰も同じ植物を再度採集することがなく忘れ去られていました。67年後の1995年になって、山崎敬は「オオキミズ」が、アジアに広く分布するホソバノキミズと同じ種であることと気づきました。

また、沖縄島で1887年に採集された古い標本を東京大学で見いだしました。この植物が過去に奄美大島と沖縄島に分布していた事実は古い標本が証明している一方で、もっとも新しい標本でも採集されたのは1924年であり、近年生きた状態でこの植物を見た人がいないことから、環境省レッドリストでは絶滅種と判定されてきました。

そして最後に採集されてから100年になろうかという2020年になって、鹿児島大学の田金秀一郎氏らが奄美大島で本種を再発見しました。レッドリストで「絶滅」と判定されていない生物種には、かならずしも丁寧な現地探索が行われていないものも含まれており、特にホソバノキミズのようなそれほど目立たない種の場合は、地道な探索によって今後再発見される機会が十分残されています。

ホソバノキミズ
Elatostema lineolatum var. *majus*

分類
バラ目イラクサ科ウワバミソウ属

分布
奄美大島・沖縄島・西表島；中国・インドシナ・南アジア

所蔵
国立科学博物館

採集年月日
1924年3月1日

採集地
鹿児島県奄美大島

サイズ
31×43cm

オオキミズ *Elatostoma tumidulum* のアイソタイプ（副基準標本）でもある。採集者は田代善太郎。

National Museum of Nature and Science
TNS01333569
Flora of Japan
The Kagoshima University Museum, Herbarium (KAG), Japan
Urticaceae
Elatostema lineolatum Wight
ホソバノキミズ
Locality: 鹿児島県［奄美大島］奄美市 住用町
Kagoshima Pref. [Amami-oshima Island]: Amami City, Sumiyo-son.
Lat. & Long.: (°N, °E), alt. 20m.
Date: 23 Feb. 2021
Coll.: Shuichiro TAGANE [No. K1052]
KAG152373
Photographed

所蔵

国立科学博物館

採集年月日

2021年2月23日

採集地

鹿児島県奄美市住用町

サイズ

31×43cm

奄美大島で96年ぶりに発見された。

EX

2-002

ムニンキヌラン

再発見によって「イシガキキヌラン」と同種と判明

ムニンキヌランは小笠原諸島の母島で発見され、1935年に発表されました。ところが1936年を最後に見つからず、環境省は絶滅種と判定しました。2017年に、東京都、首都大学東京(現・東京都立大学)、NHKは、母島から300kmほど南に浮かぶ絶海の孤島、南硫黄島の自然調査を行いました。採集された植物を科博の筑波実験植物園で栽培したところ、そのなかのひとつが2018年2月10日に開花しました。形態の観察とともに、1935年と1936年に採集されたおし葉標本に残されたDNAを詳しく調べた結果、絶滅種ムニンキヌランであることが確認されました。さらに研究を進めたところ、南西諸島から中国にかけて分布するイシガキキヌランと呼ばれる植物がムニンキヌランと同じ種となることが明らかになりました。

さまざまな年代と場所で収集したサンプルを保存することと、新しい解析手法が開発されることがともなって、生物の正体が明らかになっていくことがわかります。

(左)南硫黄島から持ち帰った株が筑波実験植物園で開花し、絶滅種ムニンキヌランと判明した。

(右)2017年、南硫黄島の原生林で発見された植物。花がないため種名はわからなかった(撮影:高山浩司)。

ムニンキヌラン
Zeuxine boninensis

分類
クサスギカズラ目ラン科キヌラン属

分布
南西諸島・小笠原諸島;台湾・中国南部〜ヒマラヤ

所蔵
東京大学総合研究博物館

採集年月日
1936年4月9日

採集地
東京都小笠原諸島母島

サイズ
30×45cm

組織からDNAを抽出し、塩基配列解読に成功した標本。

Herbarium Universitatis Tokyoensis (TI)
This specimen was illustrated by Mutsuko Nakajima, Illustrations of Japanese Orchids, Plate 31 - 03 (2012). As
Zeuxine boninensis Tuyama
Det. Hiroshi Ikeda & Akiko Shimizu, March 2021
6556 - 1
Herbarium Universitatis Imperialis Tokyoensis
東京帝國大學理學部植物學教室
Zeuxine boninensis Tuyama
Patria.
Datum. 1936
Legitor. Y. Satake
Determinavit T. Tuyama
Herbarium Universitatis Tokyoensis (TI)
One flower collected for DNA analysis
Det. Chie Tsutsumi
Date 5 Apr. 2018
Herbarium Universitatis Tokyoensis
TI 00088755

シマクモキリソウ

79年ぶりの再発見と開花、繁殖の成功

シマクモキリソウは小笠原諸島父島で発見、1916年に発表されたラン科植物です。1939年以降に採集された標本がないため、絶滅した可能性が高いと考えられてきました。2017年、東京都、首都大学東京（現・東京都立大学）、NHKは、父島からさらに南へ約350km、日本の果てにある無人島、南硫黄島の史上4回目となる自然調査を行いました。採集された植物を科博の筑波実験植物園で栽培したところ、シマクモキリソウと思われる花が同年11月16日に開花しました。同定の手がかりとなる資料が残っていないため、こんにちまで残されたわずか8点のおし葉標本の形態と比べたところ、シマクモキリソウの特徴と一致しました。

一方、最近の分子生物学の進展のおかげで、古い標本のDNAから遺伝情報を解読できる可能性がゼロではありません。1914年と1938年に採集されたシマクモキリソウの標本を使い、遺伝情報を読み取ることに成功、南硫黄島サンプルのものと一致しました。こうして、シマクモキリソウを79年ぶりに再発見したと自信をもっていうことができたのです。

さらにDNAを使った進化の解析を進めたところ、本種は日本本土の冷涼な地域に生えているスズムシソウやセイタカスズムシソウにもっとも縁の近いことが明らかになりました。おし葉標本と生きた標本の両方を使った研究で、シマクモキリソウはスズムシソウなどとはライフサイクルが正

シマクモキリソウ
Liparis hostifolia

分類
クサスギカズラ目ラン科
クモキリソウ属

分布
東京都小笠原諸島

所蔵
東京大学総合研究博物館

採集年月日
1914年11月15日

採集地
東京都小笠原諸島母島

サイズ
30×45cm

組織からのDNA抽出、塩基配列
解読に成功した標本。

6460

Shinshu Univesity Herbarium
(SHIN)
Lectotype of *Liparis auriculata* var. *hostaefolia* Koidzumi
シマクモキリソウ
Det. Ken Inoue 1994 Nov.

Botanical Institute, College of Science, Imperial University, Tokyo.
Liparis hostaefolia Koidz.
シマクモキリサウ
Det. T. Tuyama 1936

Liparis sp

Herb. Universitatis Imperialis Tokiensis.
東京帝國大學理科大學植物學教室
Liparis auriculata Bl. var. hostaefolia Koidz.
Bonin 15 Nov. 1914

Herbarium Universitatis Tokyoensis (TI)
A piece of leaf collected for DNA Analysis
Det. Chie Tsutsumi Date 5 Apr. 2018

反対で夏に休み冬に育つこと、日本本土から種子が1,000kmを超える距離を飛んで定着した子孫の可能性が高いこと、いまは亜熱帯に生えているものの涼しく湿った環境を好むことなど、ユニークな性質が明らかになりました。

繁殖成功のカギは南硫黄島の菌類

栽培されているシマクモキリソウは世界でわずか3個体です。種子から繁殖させなければいずれ絶えてしまいます。ラン科植物は種それぞれが特定の菌類と共生しないと種子発芽しない特殊な性質があり、シマクモキリソウも例外ではありません。南硫黄島から株が届いたとき、シマクモキリソウ体内の共生菌を取り出して保存していたので、すぐ繁殖に取りかかることができました。まず人工交配をして1年後に採れた種子を、ボトル内で共生菌を繁殖させた培地にまき発芽に成功しました。その後、順調に成長し、絶滅回避のめどをつけることができました。

(左)筑波実験植物園で保全し開花したシマクモキリソウ。左には前年に人工交配に成功し成熟しつつある果実が見える。

(右)人工交配して採れたシマクモキリソウの種子を、共生菌を繁殖させた培地にまいた。最適な培養条件を検証しつつ育成中。

シマクモキリソウ
Liparis hostifolia

分類
クサスギカズラ目ラン科
クモキリソウ属

分布
東京都小笠原諸島

所蔵
国立科学博物館

採集年月日
2019年12月25日

採集地
国立科学博物館筑波実験植物園で栽培

サイズ
7×12×7cm

2017年に南硫黄島で採集し、筑波実験植物園で開花した個体の樹脂封入標本。

クニマス

山梨県で生き延びていた
秋田県田沢湖の固有魚

クニマスは田沢湖の固有種で、水深300mの湖底にも生息していたとされる特異な魚です。他のサケ属の魚と比べて小型の種であり、全長は30cm前後にしかなりません。また、産卵期の成熟個体は全身が黒くなるという他のサケ属の魚にはない特徴ももっています。1925年に新種として記載されましたが、発電などのために1940年に強酸性の玉川温泉の温泉水が田沢湖に導水されはじめ、1940年代のうちに絶滅したと考えられていました。

しかし、2010年に山梨県の西湖で再発見されました。1935年に田沢湖から西湖へ卵で移植されたクニマスが、世代交代をくり返し、生き残っていたのです。西湖にはクニマスと近縁と考えられるヒメマス（ベニザケの河川型）も多数生息していますが、ヒメマスと交雑していないこともわかっています。現在では、ヒトの生活とクニマスの保全のバランスをとりながら、田沢湖への復帰のための努力も行われています。

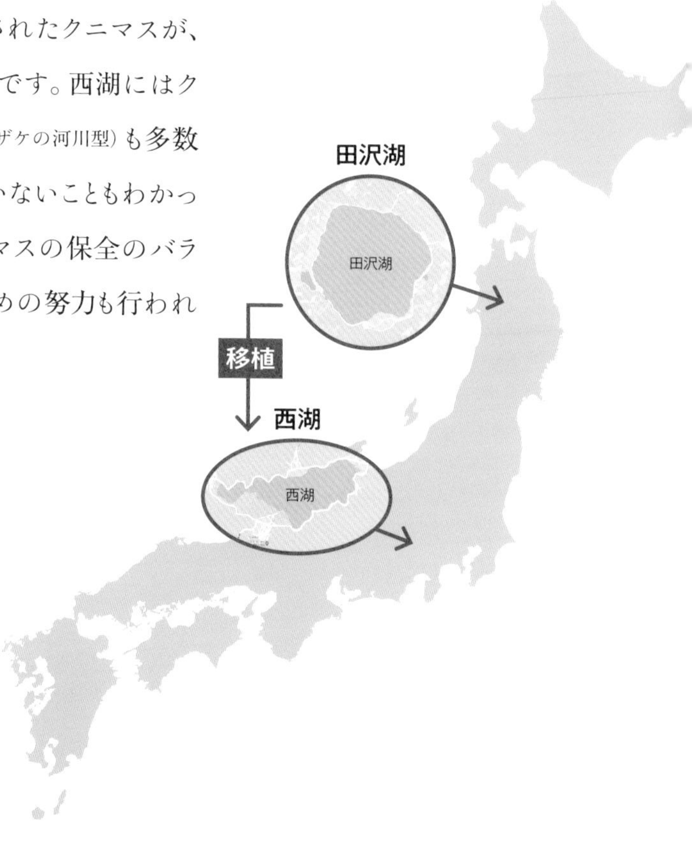

田沢湖
田沢湖
移植
西湖
西湖

田沢湖は水深が400m以上ある日本でいちばん深い湖。その湖の深い場所に生息していたクニマスは、湖水の酸性化により絶滅した。しかし、卵などが日本のさまざまな湖に移植されており、西湖で奇跡的に生き残っていることが発見された。西湖の湖底に湧水がある箇所があり、そこで命をつないでいた。

クニマス
Oncorhynchus kawamurae

分類
サケ目サケ科サケ属

分布
秋田県田沢湖（絶滅）・山梨県西湖（移植）

所蔵
文化庁

採集年月日
2019年11月1日（メス）、2019年11月10日（オス）

採集地
山梨県西湖

サイズ
全長30cm

上がメスの成魚、下がオスの成魚。

固有種とレッドリストの関係

環境省のレッドリストに掲載される絶滅危惧種は、日本国内での絶滅のおそれの評価をもとに選定されるため、同じ種が海外に分布するかどうかは考慮されていません。日本における絶滅危惧種が、地球規模でも絶滅危惧なのかどうか検討するうえで、固有種の把握は大変重要です。

約40年ぶりに再発見された洞窟の固有昆虫

洞窟や地中のすき間のような地下空間には独特の生物が生息し、その多くは狭い地域にしか分布しない固有種です。生息地の消失や地下の乾燥化などにより衰亡の危機に瀕している種も知られており、実際、環境省のレッドリストにも多数の種が掲載されています。なかなか調査のしづらい地下空間の生物ですが、研究者や愛好者の地道な現地調査や新しい採集法の開発によって、新たな知見が少しずつ集まりつつあります。

コウチュウ類のうちゴミムシの仲間には、地下空間に進出した種が多く含まれることで知られています。カドタメクラチビゴミムシは、1957年に高知県の大内洞という石灰岩地の洞窟で発見された地下性のゴミムシです。この洞窟に固有の種と考えられ、1970年代に石灰岩採掘により生息地全体が破壊された結果、絶滅したとされました。環境省レッドリストでも絶滅種として掲載されました。

ところが、およそ40年後の2011年になって、本種が大内洞周辺の土壌と岩盤の間の層から再発見されたのです。本種が洞窟だけではなく地中のすき間も住みかとし、いまでも生き残っていることがわかりました。

再発見されたカドタメクラチビゴミムシ。地下空間の中に人知れず生き残っていて、その姿をまた見せてくれた。地下空間性のゴミムシ類の中には存亡の危機にあるものも多く、新たな知見により正確な生息状況の把握が進み、保全につながることが期待される（撮影：原 有助）。

カドタメクラチビゴミムシ
Ishikawatrechus intermedius

分類
コウチュウ目ゴミムシ科
*Ishikawatrechus*属

分布
四国（高知県大内洞）

所蔵
菅谷和希

採集年月日
2011年

採集地
四国（高知県大内洞）

サイズ
体長約5.1mm

再発見された際に採集された個体。

2-006

ハハシマアコウショウロほか

実は普通種だった
小笠原諸島の"絶滅"菌

ハハシマアコウショウロ *Circulocolumella hahashimensis* は、1936年に小笠原諸島母島の石門付近で採集されて以来、再発見例がありません。環境省のレッドリストでは「絶滅」(EX)とされています。ところが、同じ環境によく発生する「ヨツデタケ」という奇妙な形態をしたスッポンタケ類がいます。外見は似ても似つかない両種ですが、最近の研究により、ヨツデタケの幼菌こそがハハシマアコウショウロの正体なのではないか、と考えられています。そのほか、同じく小笠原諸島から記載されたヘゴシロカタハ(EX)やシンジュタケ(CR+EN)も普通種である可能性が指摘されています。

これまで10年以上にわたる小笠原諸島でのきのこ調査で、ほぼ毎回ハハシマアコウショウロの記録がある母島の石門に通っているものの、いまだにそれらしききのこを発見することはできていません。しかし、ヨツデタケの未成熟個体をさまざまな角度で切断してみたところ、その形態がハハシマアコウショウロの記載とほぼ一致する場合があることがわかりました。また、アメリカのオレゴン州立大学にホルマリン漬けで保管されていたハハシマアコウショウロのアイソタイプ標本と比較しても、両種の特徴はほぼ一致することを確認しています。

ヨツデタケ。その名のとおり4本の腕をもつことが多い、スッポンタケ目のきのこ。小笠原諸島では父島、母島ともに頻繁に発生。本州からも知られるが、比較的まれ。世界的には南極大陸を除くすべての大陸から知られ、熱帯〜暖温帯にかけての普通種ともいえる。

ヨツデタケ
Clathrus columnatus

分類
スッポンタケ目
アカカゴタケ科
アカカゴタケ属

分布
東京都小笠原諸島；南北アメリカ大陸、アフリカ、オーストラリアなど

所蔵
国立科学博物館

採集年月日
2016年11月4日

採集地
東京都小笠原諸島母島

サイズ
高さ約5〜7cm

「ハハシマアコウショウロ」とされてきた標本は、本菌の卵型の未成熟個体がハハシマアコウショウロとして記載された可能性が高い。

EX 

ヘゴシロカタハ
Pleurotus cyatheae

分類
ハラタケ目ヒラタケ科
ヒラタケ属

分布
東京都小笠原諸島父島

所蔵
国立科学博物館

採集年月日
2019年11月1日

採集地
東京都小笠原諸島父島

サイズ
12×12×5cm

父島固有の絶滅種とされてきたが、正体は汎世界的に分布する普通種のトキイロヒラタケである可能性が高い。樹脂封入標本。

CR＋EN ●

シンジュタケ
Boninogaster phalloides

分類
ヒメツチグリ目
スクレロガステル科
シンジュタケ属

分布
東京都小笠原諸島父島・母島・兄島、本州太平洋側〜南西諸島

所蔵
国立科学博物館

採集年月日
2019年11月4日

採集地
東京都小笠原諸島母島

サイズ
12×12×5cm

父島固有の絶滅危惧種(CR＋EN)とされてきたが、広域に分布することが判明。樹脂封入標本。

column

国内の調査不足地域はどこか？

自然史標本は、点数の増加に応じてそこから引き出される情報が増加するので、「どれだけ集めても多すぎることはない」よくいわれます。しかし、ある程度点数が増えてくると、時空間的に重なる標本の割合が高まります。限られた収蔵スペースを有効に使用するためには、無計画ではなく、調査の空白を把握したうえでそれを埋めるような戦略的な収集が必要です。標本情報の電子化の進捗にともなって、情報の客観的な分析にもとづいて戦略を立てることができるようになってきました。

既存標本の採集情報を元に、地域ごとの気温・降水量などの環境を加味して、調査不十分と考えられる地点を推薦するアプリケーションWhereNextを、国立科学博物館の菌類および種子植物標本データで試行しました。菌類では「調査推薦地点」が全国にまんべんなく分布する結果から、種の多様性の割にまだ標本数は少なく、全体的に調査が不十分であることが示唆されました。一方、種子植物では、関東地方や琉球列島、山岳地帯には「調査推薦地点」がないことから、これらの地域産の標本は概ね飽和の傾向があり、それ以外の地域での採集が重要であることが見えてきました。

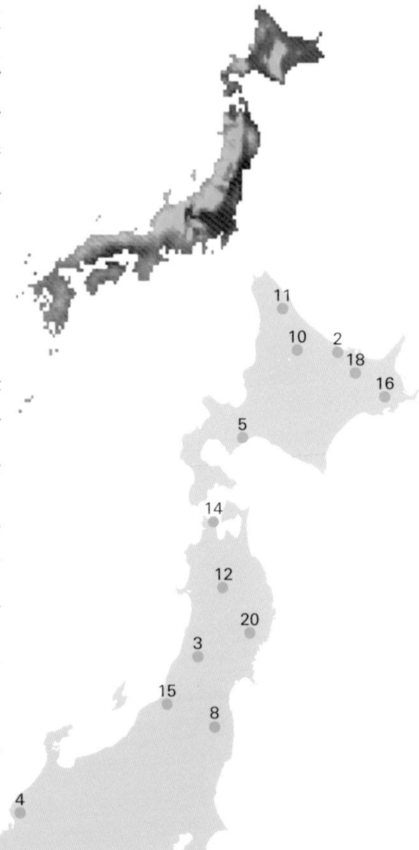

科博所蔵の日本産維管束植物標本173,528点のデータにもとづいた、地点ごとの構成種類似度を示す図（上）と、「調査推薦地点」上位20地点（下）。

絶滅寸前種

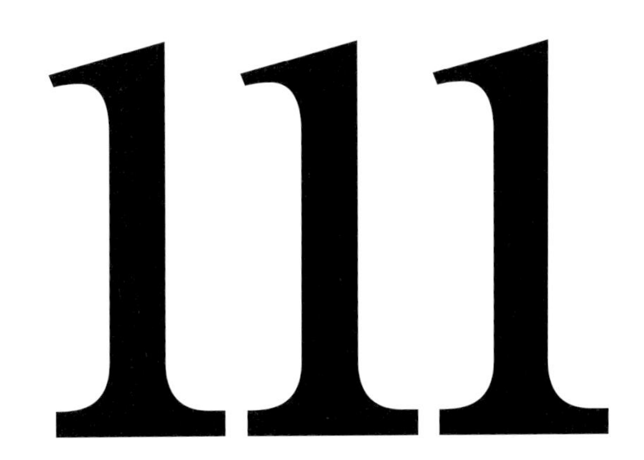

絶滅のおそれのある生物種のカテゴリーのうち、近い将来における絶滅の可能性が高い「絶滅危惧I類」(CR + EN)に分類される種を、本書では「絶滅寸前種」と呼びます。個体数、減少率や分布面積などいくつかのクライテリアにもとづいて判定されますが、個体数で評価する場合には、成熟した個体が250を下まわると絶滅寸前種に該当します。

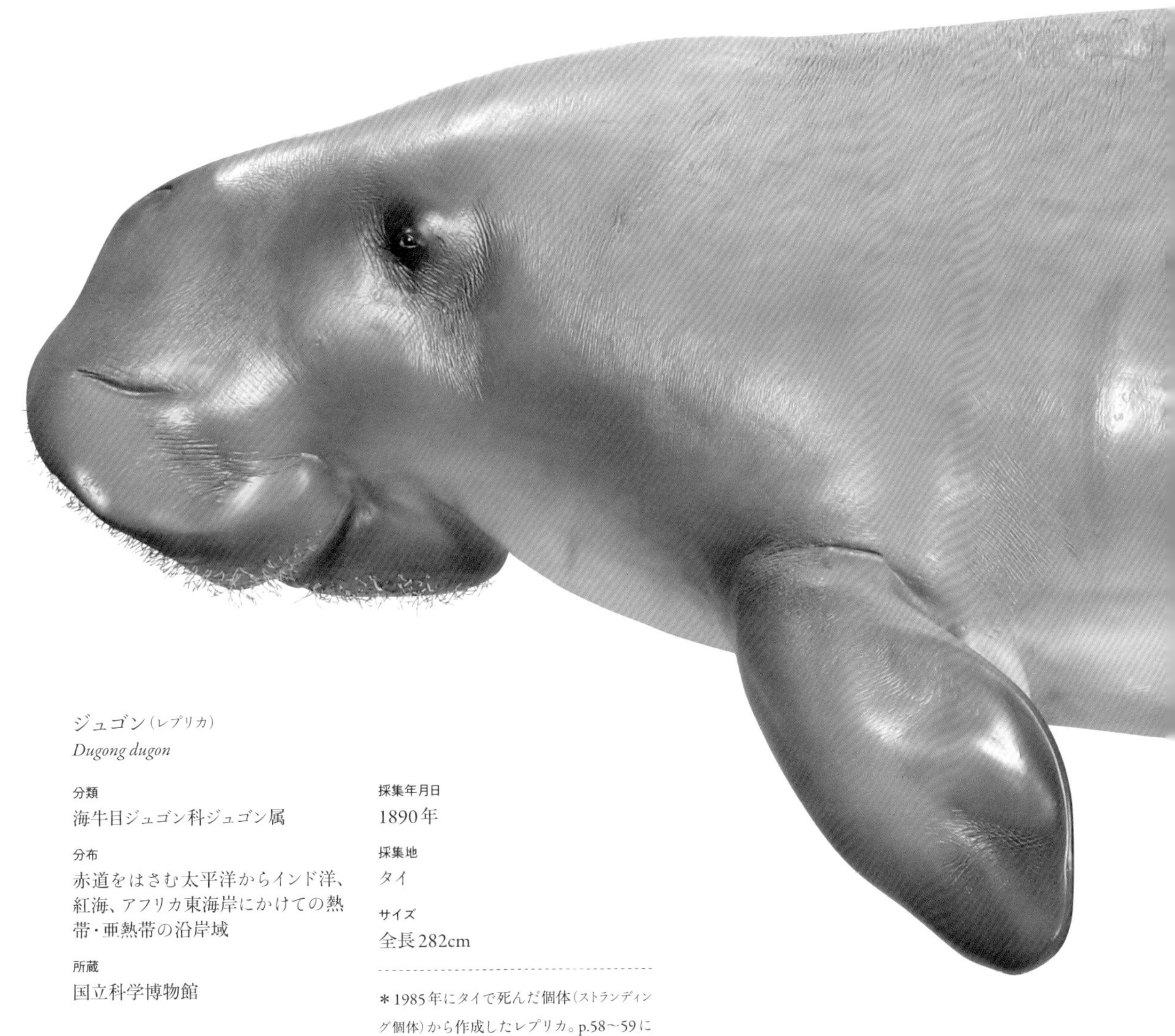

ジュゴン(レプリカ)
Dugong dugon

分類
海牛目ジュゴン科ジュゴン属

分布
赤道をはさむ太平洋からインド洋、紅海、アフリカ東海岸にかけての熱帯・亜熱帯の沿岸域

所蔵
国立科学博物館

採集年月日
1890年

採集地
タイ

サイズ
全長282cm

＊1985年にタイで死んだ個体(ストランディング個体)から作成したレプリカ。p.58〜59に詳細紹介

イリオモテヤマネコ、ジュゴンなど25種

哺乳類の絶滅寸前種は、島嶼に生息する種が多く、ヒトの活動が拡大するにつれて、その種の生息域は狭められてきました。また、ラッコやニホンアシカなどかつて毛皮を得るために乱獲された結果、日本沿岸ではほとんど姿を消した海棲哺乳類もあります。尖閣諸島に分布するセンカクモグラやセスジネズミは、現在現地調査が行えないため、現存するか否か不明とされています。

日本から絶滅寸前の哺乳類

イリオモテヤマネコ

沖縄県の西表島にのみ分布する野生のネコ。1965年に同島を訪問した動物作家の戸川幸夫が入手した毛皮によりその存在が認識され、1967年に科博の今泉吉典によって新属新種として記載された。のちに新種であるとの見解は疑問視されることとなり、現在は大陸に広く分布するベンガルヤマネコの一亜種と考えられている。発見された当初から生息数が少ないことが危惧されており、すぐに生息数の調査などが行われることとなった。現在は100個体程度と推定されているが、毎年交通事故による死亡個体が見つかっており絶滅が心配される。

CR ●

イリオモテヤマネコ
Prionailurus bengalensis iriomotensis

分類
ネコ目ネコ科ベンガルヤマネコ属

分布
沖縄県西表島

所蔵
国立科学博物館

採集年月日
1967年1月捕獲、1975年12月13日死亡

採集地
沖縄県西表島大富

サイズ
全長75.4cm

本個体はイリオモテヤマネコの生態・行動調査のために、捕獲された後に当時研究室があった上野本館の屋上で飼育されていたメス個体。

オガサワラオオコウモリ

小笠原諸島に固有のオオコウモリ類の一種。全身が黒色の毛で覆われる点で、琉球列島のクビワオオコウモリと識別される。宅地造成のための樹木伐採により生息環境が減少している。また農作物被害防止のための防鳥ネットに絡まって死亡する事故が多発しており、減少傾向にある。生息数は200〜300個体程度と見積もられ、絶滅が心配される種のひとつ。

CR 

オガサワラオオコウモリ
Pteropus pselaphon

分類
翼手目オオコウモリ科
オオコウモリ属

分布
東京都小笠原諸島

所蔵
国立科学博物館

採集年月日
不明

採集地
東京都小笠原諸島

サイズ
全長32cm

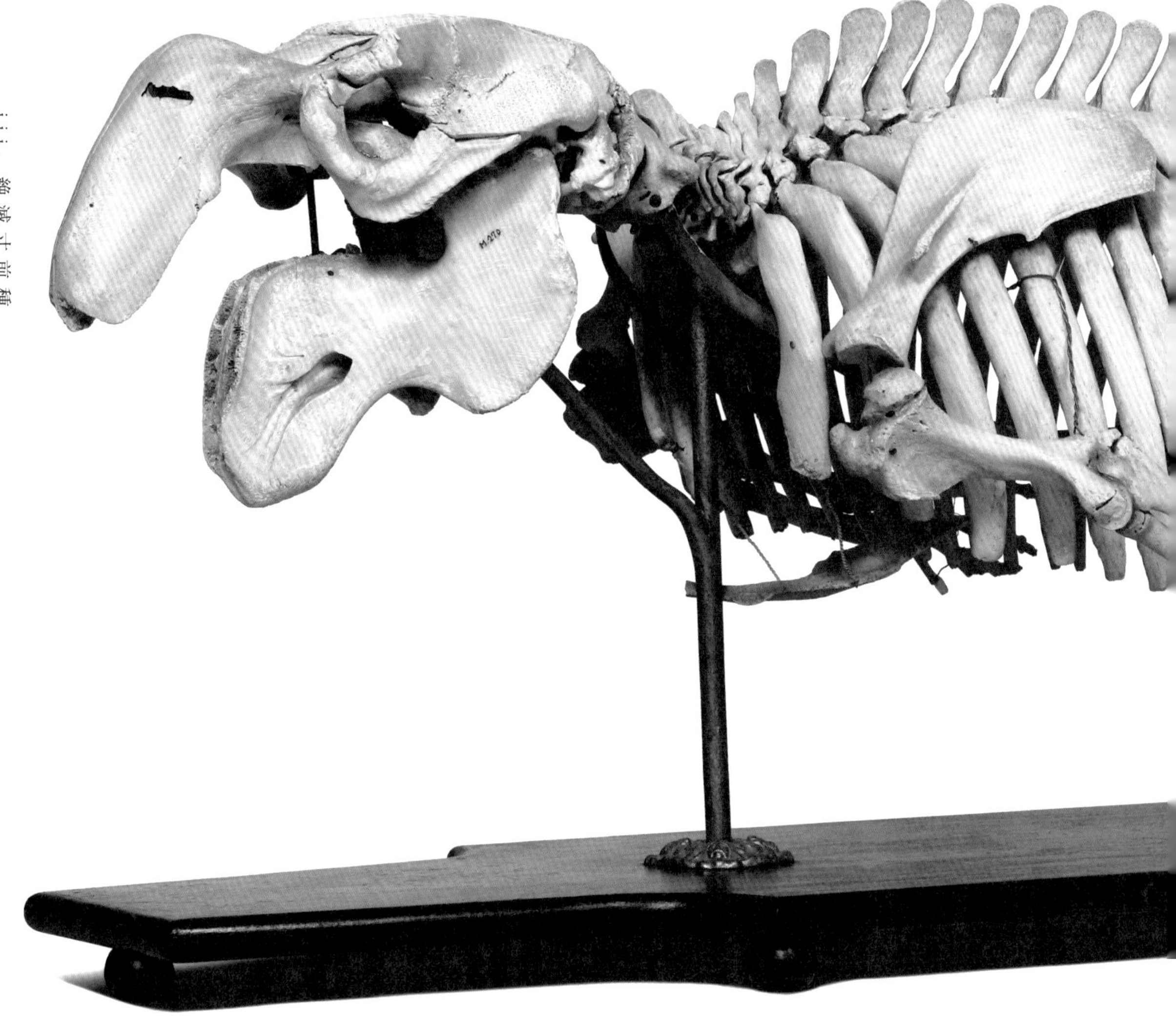

ジュゴン

ジュゴンは世界中に1属1種しかいない。日本の沖縄周辺にも数頭生息しているが、エサ不足や生息域の悪化により、その数は激減し、絶滅の危機に瀕している。海に棲む哺乳類のなかで、唯一の草食性を示し、種子植物であるウミヒルモやウミジグサなどの「海草」を好んで食べる。オスの上アゴには、牙状に発達した犬歯が明瞭で、性的二型を示す。メスの乳頭は、前ヒレの脇の下（腋窩）に存在し、子どもを抱えながら授乳する姿から、「人魚伝説」のモデルになったといわれている。

ジュゴン
Dugong dugon

分類
海牛目ジュゴン科ジュゴン属

分布
赤道をはさむ太平洋からインド洋、紅海、アフリカ東海岸にかけての熱帯・亜熱帯の沿岸域

所蔵
国立科学博物館

採集年月日
不明

採集地
オーストラリア

サイズ
全長188cm

1890年に旧科博から帝国博物館に移管されたもの（科博に里帰りした標本）。

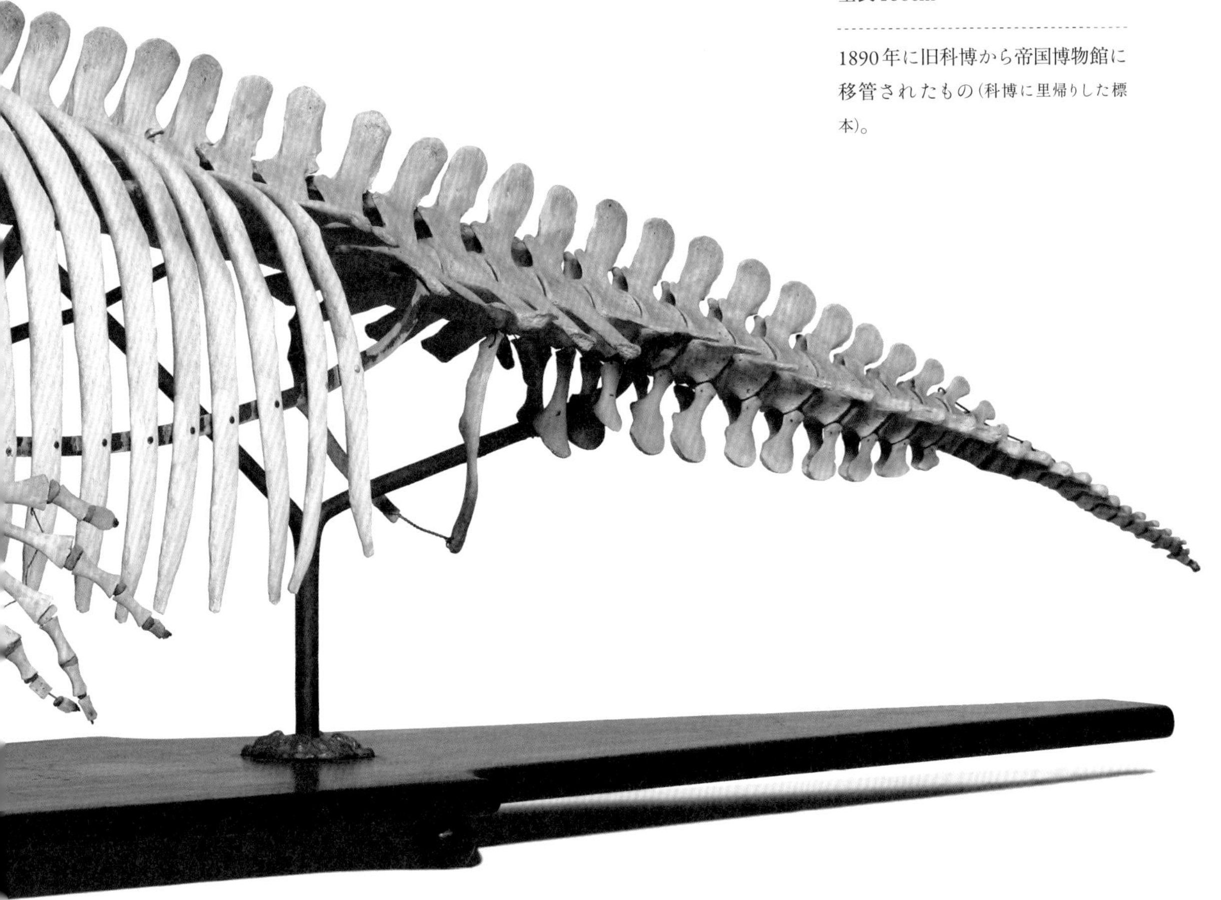

イヌワシ、クマタカなど55種

日本の鳥の絶滅は大きく2つにタイプ分けできます。島嶼部での絶滅と本土での絶滅です。小笠原諸島や琉球諸島などの島嶼部では、主に外来種や外来の病原体が原因となりました。本土では、トキやコウノトリといった湿地の鳥が、明治期の狩猟や農薬使用などが原因で数を減らしました。いま本土の鳥たちの新たな脅威は、地球環境変動です。

イヌワシ

日本の森林域最大のワシでメスは全長1m弱、翼を広げると2mを超える。北半球温帯以北の森林域に広く分布する。山頂近くの岩棚に巣を作り、ひらけた草原でノウサギ、ヤマドリ、ヘビ類などの獲物を探し、急降下して捕らえる。

ノグチゲラ（p.62）

地上採餌など、ほかのキツツキではあまり見られない独特な採餌生態が知られている。ヤンバルクイナとともに沖縄島北部のヤンバルと呼ばれる森にのみ生息する固有種で、分布がもともと狭いうえに外来種のマングースの影響が懸念される。

アカコッコ（p.62）

日本本土に分布するアカハラから数万年前に種分化したばかりの島嶼部の固有種で、しっかりした脚部や単純なさえずりを特徴とする。伊豆諸島と吐噶喇(とから)列島とで離れて分布するが両地域の集団は遺伝的には未分化である。

クマタカ (p.63)

日本の森林環境によく適応した大型の猛禽で、北海道から九州に分布する。ヤマドリやノウサギ、キジバトなどを捕食し、森林生態系の頂点に位置する。イヌワシに比べて人間の生活圏により近い場所に生息している。日本に分布する亜種は、インド、ネパールから中国南東部の亜種と比べて体は大きく冠羽は小さいのが特徴。

日本から絶滅寸前の鳥類

EN

イヌワシ
Aquila chrysaetos

分類
タカ目タカ科イヌワシ属

分布
北海道〜九州；ユーラシア大陸から北アメリカ

所蔵
国立科学博物館

採集年月日
1990年以前

採集地
北海道

サイズ
155×80×66cm

この剝製は翼を広げた姿勢で大きく見えるが、世界6亜種のうち最小の日本産亜種のメスの平均翼長63cmとちょうど一致する。

ノグチゲラ
Dendrocopos noguchii

分類
キツツキ目キツツキ科アカゲラ属

分布
沖縄県沖縄島北部

所蔵
国立科学博物館

採集年月日
不詳(1970年以前)

採集地
沖縄県沖縄島

サイズ
21×14×34cm(台座含む)

1970年12月20日に琉球大学から科博に寄贈された剝製標本。

アカコッコ
Turdus celaenops

分類
スズメ目ヒタキ科ツグミ属

分布
東京都伊豆諸島・鹿児島県吐噶喇列島

所蔵
国立科学博物館

採集年月日
1988年4月24日

採集地
東京都三宅島

サイズ
20×13×6cm(台座含む)

森岡弘之による採集の剝製で、頭部が黒いオスの特徴が出ている。

EN

クマタカ
Nisaetus nipalensis

分類
タカ目タカ科クマタカ属

分布
日本；ヒマラヤ〜中国南部

所蔵
国立科学博物館

採集年月日
2020年2月25日

採集地
北海道旭川市

サイズ
40×70×24cm（台座含む）

環境省から譲り受けたメスの死体を、見晴らしのよい枯れ枝の上に止まって鳴く姿勢の剝製にした。

日本から絶滅寸前の魚類

アユモドキなど125種

日本からは、外来種も含めて4,753種（亜種含む）の魚類が記録されています（2023年8月時点）。そのうちの9.9%（471種）が環境省レッドリストに掲載され、6.6%（313種）が絶滅危惧以上のランクに指定されています。特にヒトの活動の影響を受けやすい汽水・淡水域にすむ種が多く指定されています。コイ科のイタセンパラ、セボシタビラ、カワバタモロコ、スイゲンゼニタナゴ、ミヤコタナゴ、ドジョウ科のハカタスジシマドジョウ、タンゴスズシマドジョウ、アユモドキ、シラウオ科のアリアケヒメシラウオ、ハゼ科のコシノハゼの10種は、種の保存法にて国内希少野生動植物種に指定されて保護されています。

絶滅寸前の魚類のなかでもアユモドキはその状況が特に深刻な種のひとつです。本種の産卵は、河川の増水や水田の灌漑（かんがい）での水位の上昇によって一時的に出現する「一時的水域」のみで行われます。このような特殊な産卵生態や河川改修、土地造成などにより生息数が激減し、現在では、岡山県の2か所と京都府の1か所のみに生息しています。

無毒 主治 和中止瀉
痢未知漢名
鮎[illegible]魚 和名
釋名 此魚形狀鱗色
似香魚而頭如泥鰍
有肉髭故名之所在
産于山州大井川郷
人食之佗州未聞有
此魚也
氣味 甘温無毒
主治 和中暖胃養脾
腎止泄瀉

河目張 和名
釋名 此魚生于河水
形狀似海産目張故
名之細鱗青質有黄
條性躁也
氣味 甘温 主治 未
知其功用也
附錄 老皮魚 形似
河目張白色七八月
間鱗色變為赤斑而
似虎文可愛氣味亦
與河目張相同

『日東魚譜 巻之一』に記録されたアユモドキ（右ページ）

作者
神田玄泉

制作年
年代不詳

所蔵
日本両棲類研究所

最古の写本は1730年代から知られ（諸説あり）、魚介類（ただし、ウミガメやサンショウウオなどを含む）に特化した日本最古の図譜とされる。アユモドキが「山州大井川」（京都府の桂川上流部）に産することが記載されている。

アユモドキ
Parabotia curtus

分類
コイ目アユモドキ科
アユモドキ属

分布
琵琶湖水系と岡山県
（現在は岡山県と京都府の一部のみ）

所蔵
国立科学博物館

採集年月日
1971年11月25日

採集地
岡山県

サイズ
全長15cm

この標本は成魚であるが、全長約6cmの幼魚も同時に採集されている。

日本から絶滅寸前の爬虫類・両生類

3-004

ミヤコヒメヘビ、オットンガエルなど39種

日本列島には爬虫類で108、両生類で100、合計208種・亜種が分布し、そのうち爬虫類で37、両生類で47の種・亜種が環境省レッドリストに掲載されています（2021年12月時点）。日本の爬虫類・両生類相は九州の南にある吐噶喇（とから）列島付近で南北に大きく二分され、それぞれに固有の種が多く分布しています。南側の南西諸島では爬虫類・両生類ともに多様性が高く、島ごとに特徴的な固有種がみられますが、その多くが絶滅の危機に瀕しています。北側の本土部（北海道・本州・四国・九州）では特に小型サンショウウオ類の多様性が高く、近年でも新種の発見が相次いでいます。それらの中には生息域が狭く、発見時点ですでに絶滅寸前の種もいます。

絶滅寸前の爬虫類

日本の爬虫類は種の多様性・固有性ともに南西諸島で高く、全種の半分以上がこの地域に分布しています。南西諸島の爬虫類は諸島ごとに種構成が異なり、宮古諸島の固有種であるミヤコヒメヘビや、沖縄諸島内で島ごとに亜種に分化しているクロイワトカゲモドキなどが代表的な絶滅危惧種です。極端な例では久米島固有種のキクザトサワヘビなど、ひとつの島にしか生息しない種もいます。こうした島嶼の爬虫類はもともとの生息範囲が狭いことに加え、近年の土地利用の変化や開発、森林伐採、ペット目的の乱獲などさまざまな要因で個体数が減少しています。

EN ●

ミヤコヒメヘビ
Calamaria pfefferi

分類
有鱗目ナミヘビ科ヒメヘビ属

分布
沖縄県宮古諸島

所蔵
国立科学博物館

採集年月日
2016年11月20日

採集地
沖縄県宮古島

サイズ
全長20cm

地中性で高温や乾燥に弱く、森林破壊や国内外来種のニホンイタチによる捕食などにより減少している。

絶滅寸前の両生類

日本の両生類のうち、カエル類の約半分にあたる24種が南西諸島に分布します。これらの種は爬虫類の場合と同様に分布が小さな島に限定されており、多くが絶滅の危機に瀕しています。一方、本土部では小型サンショウウオ類の多様性が高く、50種ほどが知られています。ミカワサンショウウオのように非常に狭い範囲だけに生息する種も多いほか、近年では丘陵地の里山にすむ種が生息地の開発などにより急速に数を減らし、多くが絶滅危惧種となっています。

オットンガエル
Babina subaspera

分類
無尾目アカガエル科バビナ属

分布
鹿児島県奄美大島・加計呂麻島

所蔵
国立科学博物館

採集年月日
1993年9月25日

採集地
鹿児島県奄美大島

サイズ
全長14cm

国外外来種のマングースの捕食により大幅に減少した地域があるが、防除の成功により回復傾向にある。

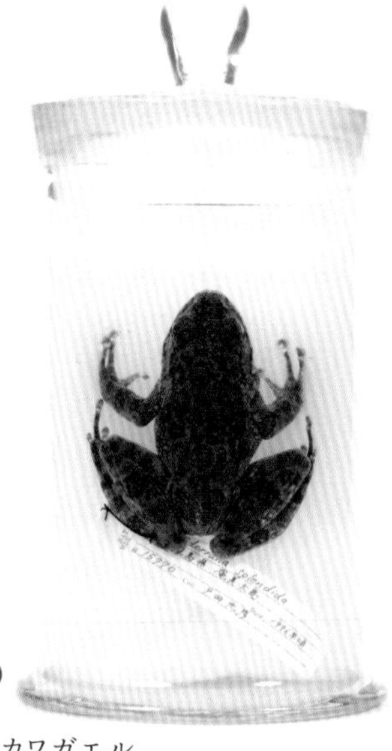

アマミイシカワガエル
Odorrana splendida

分類
無尾目アカガエル科ニオイガエル属

分布
鹿児島県奄美大島

所蔵
国立科学博物館

採集年月日
1999年3月16日

採集地
鹿児島県奄美大島

サイズ
全長10cm

2011年に新種記載された種で、生息地となる原生林や渓流の開発により減少している。

CR ●

ミカワサンショウウオ
Hynobius mikawaensis

分類
有尾目サンショウウオ科
サンショウウオ属

分布
愛知県東部

所蔵
国立科学博物館

採集年月日
2018年

採集地
愛知県

サイズ
全長10cm

2017年に新種記載された種で、愛知県の三河高地の限られた場所にだけ生息する。

3-005

日本から絶滅寸前のチョウ

ツシマウラボシシジミなど
35種・亜種

チョウは、日本に約250種が生息している昆虫の仲間です。このうち、環境省レッドリストの掲載種はその3割近い91の種または亜種（種としては70種）で、とりわけ絶滅の危機が迫っている絶滅危惧IA類（CR）およびIB類（EN）には35の種または亜種（種としては30種）が指定されています。

チョウの衰退の要因としては、開発による生息地の減少、強力な農薬の使用や農地の放棄などがあげられ、過剰な捕獲行為も影響を与えることがあります。火入れなどにより維持されてきた半自然性草原に依存している種は、草地が管理されずに大きく衰退しました。最近では、急激に個体数が増加したシカが下草などを食べつくしてしまう「シカ食害」も深刻な問題です。その影響は大きく、急速に衰退しほぼ壊滅状態になってしまった種もいます。

チョウは、ほかの昆虫のグループと比較して絶滅危惧種の占める割合が高いグループです。チョウは各種の分布の変化や生態が詳しく調査されており、絶滅の危機の程度を把握しやすいからです。博物館に長年保存されているたくさんのチョウ標本には、いまや絶滅してしまった産地の標本も含まれ、種の分布の変化を見るのに有用です。

多くの絶滅寸前チョウ類がいるような環境は、ほかの生物にとっても重要かつ希少です。衰退しているチョウのいる環境を保全することが、ほかの生物の生息環境を保全することにもつながるのです。

ツシマウラボシシジミ（a）
Pithecops fulgens tsushimanus

分類
チョウ目シジミチョウ科ウラボシシジミ属

分布
長崎県対馬

所蔵
国立科学博物館

採集年月日
1960年

採集地
長崎県対馬

サイズ
開張20mm

生息域外保全（人工飼育）や生息環境整備が行われている。

タイワンツバメシジミ
名義タイプ亜種，琉球亜種（b）
Everes lacturnus lacturnus

分類
チョウ目シジミチョウ科ツバメシジミ属

分布
南西諸島；東洋区～オーストラリア区

所蔵
東京大学総合研究博物館

採集年月日
1977年

採集地
沖縄県沖縄島

サイズ
開張23mm

南西諸島に分布する亜種だが、近年の記録がない。

カシワアカシジミ（キタアカシジミ）
冠高原亜種（c）
Japonica onoi mizobei

分類
チョウ目シジミチョウ科アカシジミ属

分布
本州（中国地方冠高原）

所蔵
東京大学総合研究博物館

採集年月日
2004年

採集地
広島県冠高原

サイズ
開張42mm

広島県冠高原の狭い地域に分布。環境悪化や採集圧により減少。

ヤマキチョウ（d）
Gonepteryx maxima maxima

分類
チョウ目シロチョウ科ヤマキチョウ属

分布
本州（中部地方以北）

所蔵
国立科学博物館

採集年月日
1980年

採集地
長野県

サイズ
開張58mm

寄主植物のクロツバラが生えている明るい環境が減り、減少が著しい。

ミヤマシロチョウ（e）
Aporia hippia japonica

分類
チョウ目シロチョウ科ミヤマシロチョウ属

分布
本州（中部地方）

所蔵
国立科学博物館

採集年月日
1994年

採集地
長野県

サイズ
開張54mm

2018年に絶滅危惧II類（VU）からIB類（EN）に引き上げられた。

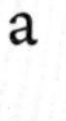

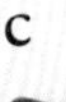

d

e

絶滅危惧IA類(CR)のチョウ全17種

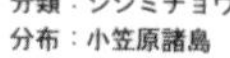

絶滅危惧IA類(CR)のチョウ全17種・亜種。

所蔵
東京大学総合研究博物館（カシワアカシジミ・タイワンツバメシジミ）、国立科学博物館（上記2種以外）。

ｲワンモンシロチョウ
ｨ馬・朝鮮半島亜種
eris canidia kaolicola

類：シロチョウ科
布：対馬；朝鮮半島

イワンツバメシジミ
義タイプ亜種，琉球亜種
eres lacturnus lacturnus

類：シジミチョウ科
布：南西諸島；東南アジア～オセアニア
蔵：東京大学総合研究博物館

オオルリシジミ
本州亜種
Shijimiaeoides divinus barine

分類：シジミチョウ科
分布：本州（東北～関東）

スイロヒョウモンモドキ

litaea protomedia

類：タテハチョウ科
布：本州（西部）；朝鮮半島・中国・ロシア

ウスイロオナガシジミ
鹿児島県栗野岳亜種
Antigius butleri kurinodakensis

分類：シジミチョウ科
分布：九州（鹿児島県栗野岳）

ゴマシジミ
関東・中部亜種
Phengaris teleius kazamoto

分類：シジミチョウ科
分布：本州（中部地方）

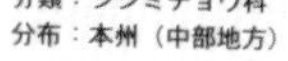

ヒメヒカゲ
長野県・群馬県亜種
Coenonympha oedippus annulifer

分類：タテハチョウ科
分布：本州（長野県・群馬県）

タカネヒカゲ
八ヶ岳亜種
Oeneis norna sugitanii

分類：タテハチョウ科
分布：本州（八ヶ岳）

絶滅危惧IB類(EN)のチョウ全18種

チャマダラセセリ
EN
Pyrgus maculatus maculatus
分類：セセリチョウ科
分布：北海道・本州・四国；
朝鮮半島・中国・モンゴル・ロシア

アカセセリ
Hesperia florinda florinda
分類：セセリチョウ科

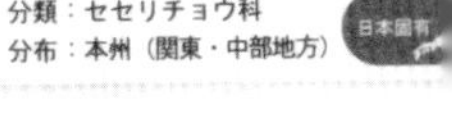
分布：本州（関東・中部地方）
日本固有

ミヤマシロチョウ
EN
Aporia hippia japonica
分類：シロチョウ科
分布：本州（中部地方）

日本固有

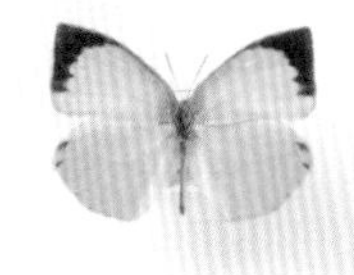
ツマグロキチョウ
Eurema laeta betheseba
分類：シロチョウ科

タイワンツバメシジミ
日本本土亜種
EN
Everes lacturnus kawaii
分類：シジミチョウ科
分布：本州（西部）～屋久島・口永良部島

日本固有

クロシジミ
EN
Niphanda fusca
分類：シジミチョウ科
分布：本州～九州・対馬；朝鮮半島・中国・ロシア

オオルリシジミ
九州亜種
EN
Shijimiaeoides divinus asonis
分類：タテハチョウ科
分布：九州（阿蘇・九重）
日本固有

シルビアシジミ
EN
Zizina emelina
分類：シジミチョウ科
分布：本州～種子島；朝鮮半島

絶滅危惧IB類(EN)の
チョウ全18種・亜種。

所蔵
国立科学博物館

オガサワラセセリ

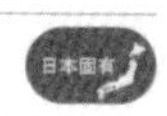

Parnara ogasawarensis

分類：セセリチョウ科
分布：小笠原諸島

ホシチャバネセセリ

Aeromachus inachus inachus

分類：セセリチョウ科
分布：本州・対馬；朝鮮半島・中国・ロシア

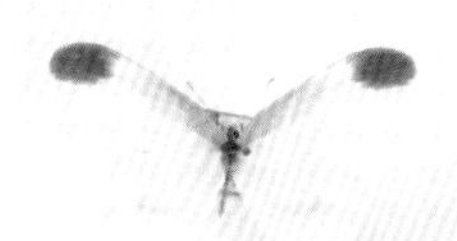

ヤマキチョウ

Gonepteryx maxima maxima

分類：シロチョウ科
分布：本州（中部地方以北）

ヒメシロチョウ

Leptidea amurensis

分類：シロチョウ科
分布：北海道・本州・九州；朝鮮半島・中国・ロシア

ミヤマシジミ

Plebejus argyrognomon praeterinsularis

分類：シジミチョウ科

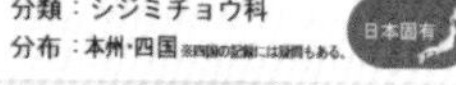

分布：本州・四国 ※四国の記録には疑問もある。

アサマシジミ 本州亜種

Plebejus subsolanus yaginus

分類：シジミチョウ科

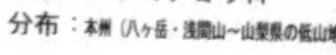

分布：本州（八ヶ岳・浅間山～山梨県の低山地）

クロヒカゲモドキ

Lethe marginalis

分類：タテハチョウ科
分布：本州～九州；朝鮮半島・中国・ロシア

コヒョウモンモドキ

Melitaea ambigua niphona

分類：タテハチョウ科

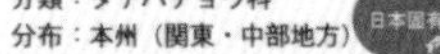

分布：本州（関東・中部地方）

日本から絶滅寸前の冬虫夏草

CR+EN

3-006

サンチュウムシタケモドキなど 23種

冬虫夏草とは、典型的には昆虫に寄生して長い柄の上部に胞子を生じる構造をもった子実体（きのこ）をつくる子嚢菌類です。もともとは、「冬は虫の格好で過ごし、夏は草（きのこ）となって永遠に輪廻転生する」という意味で「冬虫夏草」という名前で呼ばれ、不老不死の妙薬として珍重されたのが、この菌群の奇妙な名前の由来です。

冬虫夏草には1,000種以上が存在し、日本を含む昆虫の多様性が高い地域には、まだ多数の未記載種がいると考えられています。系統学的には、菌寄生菌や、植物寄生菌に類縁のものもあり、生物界を超えたホスト転換で進化したことも特筆されます。

冬虫夏草は、昆虫などに寄生するという非常に特徴的な生態をもつため、珍菌とされました。その中には、クモタケやカメムシタケのように、比較的たやすく発見できるものもありますが、多くは極めてまれにしか採集されないため、その希少性故に絶滅寸前種となった種も多くあります。環境省レッドリスト2020には20を超える種が絶滅危惧I類（CR+EN）としてあげられています。

多くの冬虫夏草の子実体は小型であるため、発見にはかなり熟練した観察眼が必要です。そのため、冬虫夏草を絶滅危惧種に選定してしまうと、モニタリングを行ううえでも適正な評価ができない、などの問題が生じるおそれがあり、再検討がなされています。

●

サンチュウムシタケモドキ
Shimizuomyces paradoxus

分類
ボタンタケ目バッカクキン科
シミズオミケス属

分布
群馬県・長野県・宮城県・
山形県

所蔵
国立科学博物館

採集年月日
1977年7月28日

採集地
群馬県

サイズ
1×1×3cm

ヤマガシュウ *Smilax sieboldii* の果実に生じ、地下生か地上生。

シロタマゴクチキムシタケ
Cordyceps deflectensi

分類
ボタンタケ目ノムシタケ科
ノムシタケ属

分布
埼玉県・福島県・東京都八丈島・御蔵島・沖縄県；ジャワ島・台湾

所蔵
国立科学博物館

採集年月日
1971年7月15日

採集地
沖縄県

サイズ
5×1×3cm

鱗翅目の幼虫または不明昆虫の卵塊に生じる。

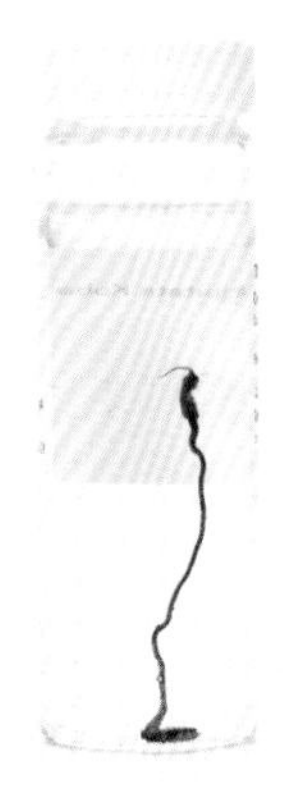

●

クサギムシタケ
Cordyceps hepialidicola

分類
ボタンタケ目ノムシタケ科
ノムシタケ属

分布
埼玉県

所蔵
国立科学博物館

採集年月日
1950年8月15日

採集地
埼玉県

サイズ
7×1×3cm

コウモリガの幼虫の頭部に生じる。

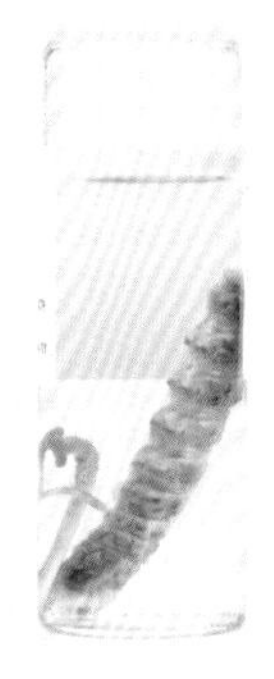

●

アカエノツトノミタケ
Cordyceps rubiginosostipitata

分類
ボタンタケ目ノムシタケ科
ノムシタケ属

分布
沖縄県

所蔵
国立科学博物館

採集年月日
1980年6月16日

採集地
沖縄県

サイズ
1×0.7×3cm

甲虫の幼虫から生じる。

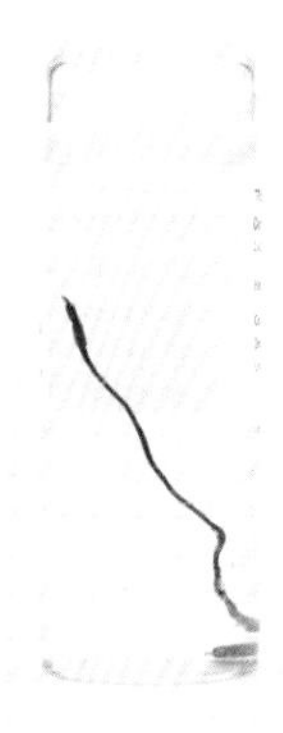

3-007

日本から絶滅寸前のラン

標本図はなぜ必要か？

日本に自生するラン科のおよそ3分の2の種が環境省レッドリストに掲載されており、絶滅危惧種がもっとも多い植物の科です。希少種の生きた個体を使って作図する機会は限られるので、おし葉あるいは液浸標本から図を制作する必要があります。原形をとどめていない標本から生きているときの特徴を再現するには、通常のイラストレーションとは違った技術が必要です。制作者の中島睦子氏は国内外の論文、書籍に数多くの標本図を提供しています。ここでは『日本ラン科植物図譜』（文一総合出版）の原図から、絶滅（EX）と絶滅危惧I類（CRとEN）の種のいくつかを紹介します。

　種の特徴は、複数のサンプルをさまざまな角度で観察することによってはじめて捉えることができます。しかし写真で残せるのは、ひとつのサンプルの、ある位置から見た画像にすぎません。また、植物の形態を文字だけで表現することは至難のわざです。例えばタンザワサカネランの唇弁の特徴は「楕円形、先端は2または3裂、向軸側に折りたたまれる」と論文に記述されていますが、図がなければ正確に理解できないでしょう。生物のかたちを再現するには、ヒトの眼で統合した情報をペンで描画するのがもっともすぐれた方法です。イラストレーションは、標本を補完する重要な研究資料なのです。

タンザワサカネラン*
Neottia inagakii

分類
クサスギカズラ目ラン科
サカネラン属

分布
本州

所蔵
国立科学博物館

新種発表に用いた神奈川県丹沢山系産の標本から描いた図。

*標本図は複数の標本から制作することが多く、部分ごとに倍率も異なる。したがって採集年月日、採集地、サイズを示していない（p.81まで同様）。

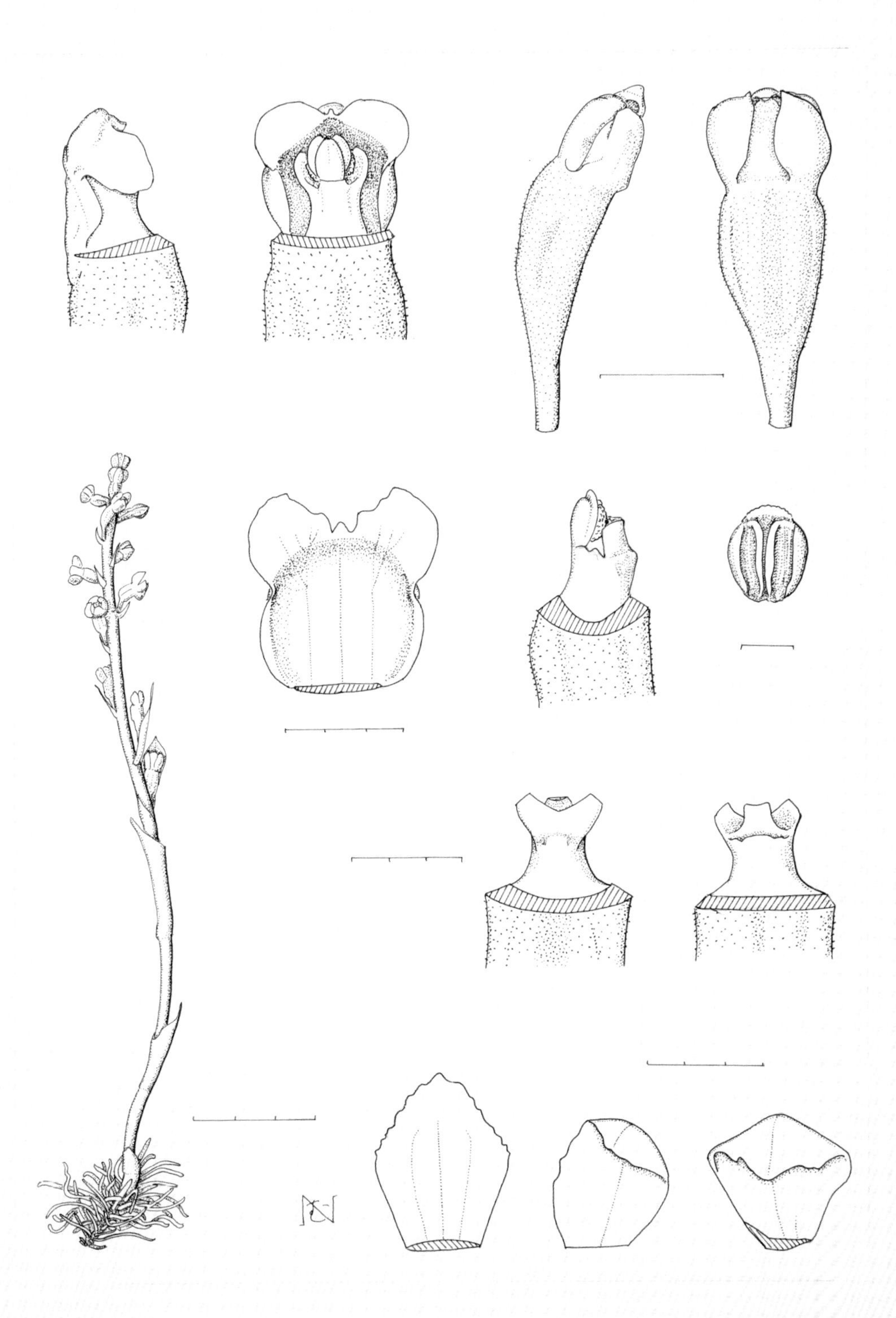

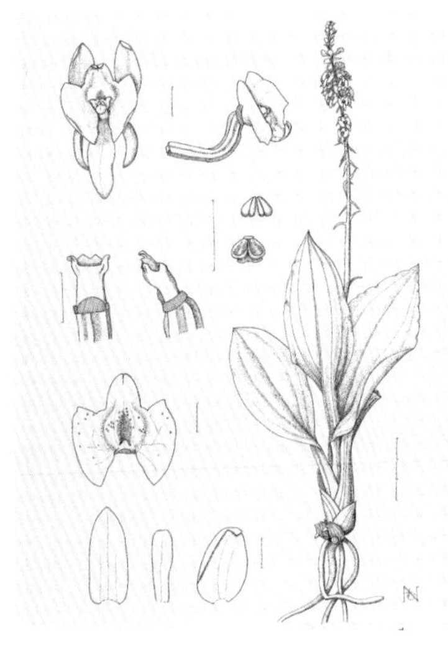

シマホザキラン

Crepidium boninense

分類

クサスギカズラ目ラン科
オキナワヒメラン属

分布

小笠原諸島

所蔵

東京大学総合研究博物館

小笠原諸島に自生するハハジマホザキランによく似るが、花弁の形態が異なる。

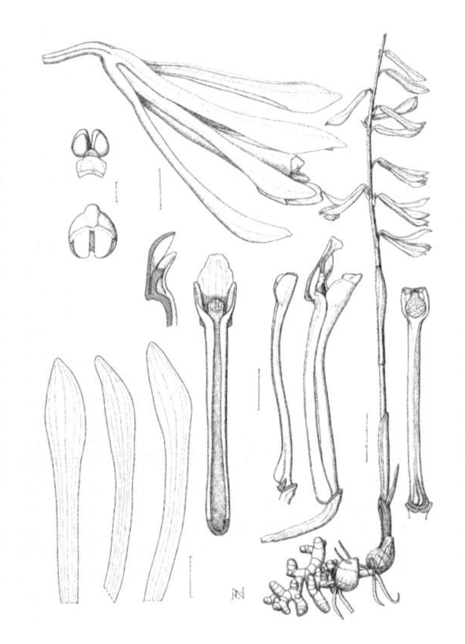

モイワラン

Cremastra aphylla

分類

クサスギカズラ目ラン科
サイハイラン属

分布

北海道・本州

所蔵

東京大学総合研究博物館

「モイワ」は本種が発見された札幌市の藻岩山にちなんでいる。

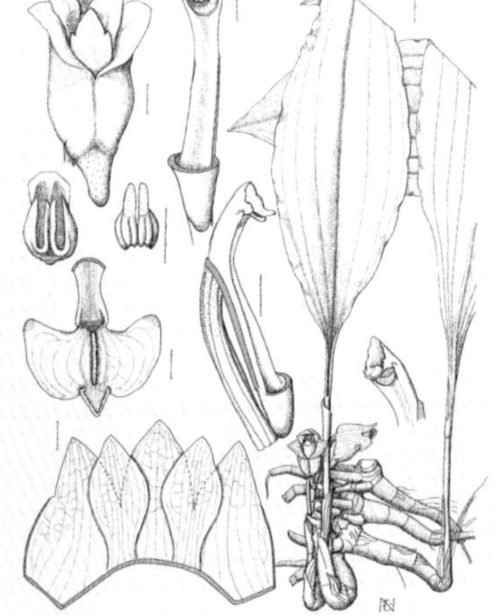

タイワンアオイラン

Acanthephippium striatum

分類

クサスギカズラ目ラン科
エンレイショウキラン属

分布

南西諸島；中国南部・ヒマラヤ・東南アジア

所蔵

東京大学総合研究博物館

近年、自生地が確認されておらず、国内では絶滅した可能性がある。

オオバナオオヤマサギソウ

Platanthera hondoensis

分類

クサスギカズラ目ラン科
ツレサギソウ属

分布

本州・四国・九州

所蔵

東京大学総合研究博物館

雄しべと雌しべのかたちが本種の同定の決め手となるが、複雑な形態は図でないと表現できない。

column

日本の絶滅寸前種の標本収蔵状況を知る

多くの絶滅危惧種は生息地が失われており、また見つけるのが難しいことがふつうです。こうした希少な生物は過去には広く分布していたものも多く、標本として数多く残されています。しかし、日本に生息する絶滅危惧種の標本がどこの施設にどのくらいの数が保存されているか、これまで明らかになっていませんでした。そこで、環境省レッドリスト2019と海洋生物レッドリスト2017に掲載されている、日本の絶滅寸前種（絶滅危惧IB類以上）の標本所在調査を行いました。その結果、国内の博物館は、約95.9%の絶滅寸前種の標本を保有していることが明らかになりました。そのなかで科博は、少なくとも75.6%の絶滅寸前種標本を所蔵しています（右表）。

標本はこうした希少生物の形態や体内物質だけでなく、分布、生育環境、季節や成長による変化などを調べるときにも役立ちます。また標本は過去の分布や遺伝情報の唯一の証拠です。希少生物が衰退する過程でなにが起こったかを明らかにできる、かけがえのない「歴史遺産」でもあります。今回の調査の結果、全国の博物館に膨大な研究資源が眠っていることがわかりました。これらを活用した希少生物の研究、そして保全が進むことが期待されます。

EN

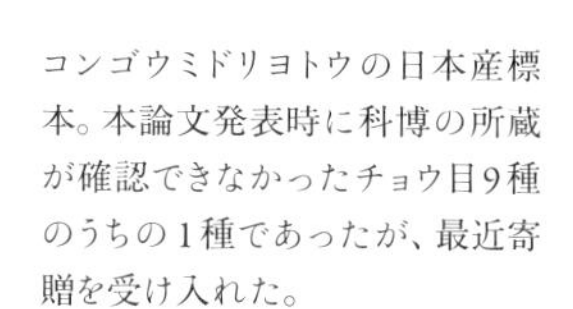

コンゴウミドリヨトウの日本産標本。本論文発表時に科博の所蔵が確認できなかったチョウ目9種のうちの1種であったが、最近寄贈を受け入れた。

環境省レッドリスト2019および海洋生物レッドリスト2017に使用された高次分類群	絶滅寸前種数	科博に標本が所蔵される種数と網羅率（%）	国内の博（科博を含標本が所れる種数羅率（%）
哺乳類	31	24（77.4）	28（90.3）
鳥類	70	42（60.0）	64（91.4）
爬虫類	14	12（85.7）	14（100）
両生類	17	15（88.2）	17（100）
汽水・淡水魚類	129	98（76.0）	128（99.2）
魚類（海洋生物）	14	8（57.1）	14（100）
昆虫類			
トンボ目	15	14（93.3）	15（100）
バッタ目	3	2（66.7）	3（100）
カメムシ目	5	2（40.0）	5（100）
コウチュウ目	97	59（60.8）	93（95.9）
ハチ目	3	0（0）	1（33.3）
ハエ目	6	0（0）	0（0）
チョウ目	51	42（82.4）	50（98.0）
ガロアムシ目	1	0（0）	1（100）
貝類	307	175（57.0）	299（97.4）
その他無脊椎動物	43	17（39.5）	27（62.8）
腕足動物門（海洋生物）	1	0（0）	1（100）
頭足類（海洋生物）	0	–	–
サンゴ類（海洋生物）	2	0（0）	2（100）
植物			
維管束植物	1084	950（87.6）	1070（98.[illegible]
蘚苔類	138	98（71.0）	132（95.7）
藻類	100	61（61.0）	88（88.0）
地衣類	45	34（75.6）	39（86.7）
菌類	66	43（65.2）	59（89.4）
全体	2242	1696（75.6）	2149（95.[illegible]

科博と国内の博物館に所蔵されている日本の絶滅寸前種（絶滅危惧IB類以上）の現状。

*表の数値は絶滅寸前種数を示し、括弧内の数値は絶滅寸前種の網羅率を示す

IV. ヒトと生き物

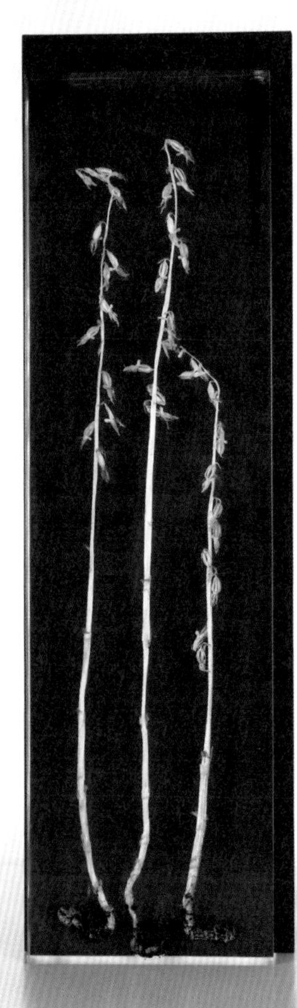

タシロラン
Epipogium roseum

分類
クサスギカズラ目ラン科
タシロラン属

分布
東北南部以南の日本全土；アフリカ・アジア・オセアニアの湿潤熱帯の全域

所蔵
国立科学博物館

採集年月日
2008年7月8日

採集地
東京都渋谷区

サイズ
13.5×49.5×3cm

*樹脂封入標本。p.94〜95に詳細紹介

ヒトというたった1種の生物が、地球の環境、地質、生態系にこれまでにない重大な影響を与えている現代を「アントロポシーン（人新世）」と呼びます。すぐに気づかれないことが多いヒトの活動の影響による生物多様性の変化ですが、蓄積された自然史資料を見直すことにより多くの発見があります。

CR

4-001

チシマラッコ

資源の過剰利用による減少

ラッコは、北海道周辺から北アメリカの沿岸までの北太平洋に分布し、生息域によりチシマラッコ（またはアジアラッコ）、アラスカラッコおよびカリフォルニアラッコの3亜種に分けられます。

ラッコのお腹の毛皮は、哺乳類のなかでもっとも密度が高く、保温性に優れています。毛皮めあてに1740年代から乱獲されはじめ、各地で壊滅的な状況に追い込まれていきました。1741年から1742年の間にカムチャツカ半島の東方沖のコマンドルスキー諸島で1,600頭が乱獲されたのを皮切りに、1750年までにカムチャツカ半島沿岸域で、1780年までに千島列島で、1789年までにアリューシャン列島でほぼ絶滅したとされています。これらの地域とその周辺では、1741年〜1800年の間に約19万頭のラッコが乱獲されました。

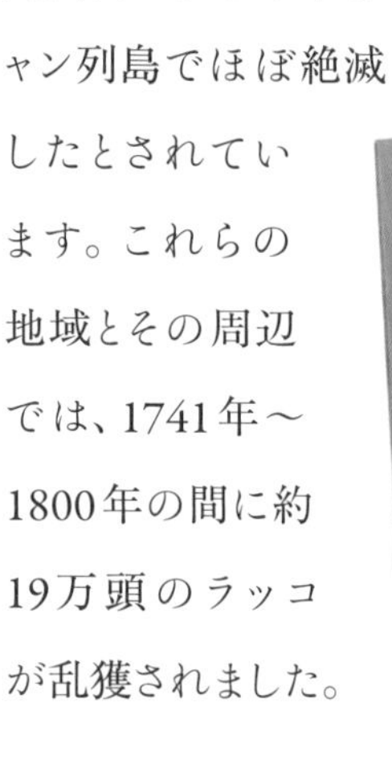

「ラッコ」はもとはアイヌ語であり、北海道などに住んでいるアイヌの人びとにとって身近な生き物でした。ただ、江戸幕府などがラッコの毛皮を求めたため、アイヌの人びとは、自身が利用するよりも多く獲ることを強いられたともいわれています。

1911年に国際条約により乱獲に歯止めをかける措置が取られ、その後に徐々に保護が行われるようになりました。日本でも北海道東部で1980年代からラッコが見られるようになり、その数も回復しつつあります。

チシマラッコ
Enhydra lutris lutris

分類
食肉目イタチ科ラッコ属

分布
北海道沿岸〜千島列島

所蔵・写真提供
根室市歴史と自然の資料館

採集年月日
1996年8月2日

採集地
北海道根室市

サイズ
全長135cm

北海道周辺で親子連れも確認されている。

4-002

コウノトリ

野生復帰が進められる湿地生態系復活の象徴

コウノトリは、江戸時代には北海道道南から九州南部まで日本国内にも広く分布していました。しかし、トキと同様に、ドジョウやタニシなど水田や湿地に生息する小動物を食べるため、主に農薬による水生動物の激減と薬害によって急激に個体数を減らし、絶滅寸前にまで追い込まれました。1971年には兵庫県豊岡市で最後の野生個体が保護され、日本で野生絶滅しました。しかし、1985年に中国から多摩動物公園にペアが贈られ、1988年に同園で国内初の繁殖に成功します。さらに、2005年以降は豊岡市で放鳥され、2007年には放鳥個体の初めての野外での繁殖が見られ、2020年には野外の個体が200羽を超えました。現在では、豊岡市以外に兵庫県では養父市と朝来市、また福井県越前市と千葉県野田市の計5か所で放鳥が続けられ、10か所以上で繁殖が見られるようになりました。コウノトリは水田での有機農法や圃場の改良などによる湿地生態系復活の象徴になっています。

森立之 立案・服部雪斎 画『華鳥譜』(1861年)より。

所蔵
国立国会図書館
収録
「国立国会図書館デジタルコレクション」

コウノトリ
Ciconia boyciana

分類
コウノトリ目コウノトリ科コウノトリ属

分布
東アジア北部（日本；中国東北部・ロシア沿海州・朝鮮半島）

所蔵
国立科学博物館

採集年月日
不詳

採集地
不詳

サイズ
65×90×25cm

ヨーロッパのシュバシコウと比べて大型でくちばしが黒い特徴がある。

4-003

アオギス

東京湾から魚が消え、釣り文化も消えた

アオギスは干潟や河口域などに生息し、かつては東京湾や日本各地の干潟などで見られました。東京湾では、江戸時代からアオギス釣りやアオギス漁が文化として根付いていました。とくにアオギスの脚立釣りは江戸前の初夏の風物詩として親しまれてきました。また、専用の延縄や刺網を用いて、アオギスを対象とする漁も行われていました。

しかし、干潟の消失や底質の悪化などにより1960年代にはアオギスが釣れにくくなり、1976年以後には、アオギスの姿が東京湾から消えました。アオギスが消えるとともに、アオギス釣りの道具が出番を失い、アオギス釣りなどの文化も失われました。生物が消えると文化も途絶える、その一例となってしまったのです。

アオギスの脚立釣りの風景(現在の浦安市今川・高州付近、1963年7月)。

写真提供:浦安市郷土博物館

アオギス
Sillago parvisquamis

分類
スズキ目キス科キス属

分布
東京湾や伊勢湾、吉野川河口など
（現在は周防灘周辺などのみ）；台湾・韓国

所蔵
国立科学博物館

採集年月日
1960年5月19日

採集地
江戸川河口域

サイズ
全長20cm

科博所蔵の6個体の東京湾産標本のうちのひとつ。

NT

4-004

サクラソウ

消えた荒川河岸の春の風物詩

かつて埼玉県と東京都をまたぐ荒川下流の原野には、サクラソウの咲き競う大群落があちこちにありました。尾久の原（東京都荒川区）、浮間ヶ原（東京都北区・埼玉県川口市）、野新田の原（東京都足立区）、戸田ヶ原（埼玉県戸田市）などです。江戸時代、春の花どきには多くの人が野遊びに訪ねた名所でした。川の増水によって泥土が運ばれることや春の野焼きが、サクラソウの育つ環境を生みだしていたと考えられます。ところが明治以降、河川改修などで環境が変わり、自生地は消えていきました。たとえば、植物学者の三好学は、1907（明治40）年頃には荒川下流の自生地は衰退してしまい、特に浮間ヶ原の変化が著しかったことを記しています。いまでは田島ヶ原（埼玉県さいたま市）に残る自生地が、国の特別天然記念物として大切に守られています。

サクラソウ
Primula sieboldii

所蔵
国立科学博物館

採集年月日
2021年4月17日

採集地
国立科学博物館筑波実験植物園（栽培）

サイズ
15×30×6cm

植物園内でリビングコレクションとして保存されてきた野生個体の樹脂封入標本。

サクラソウ
Primula sieboldii

分類
ツツジ目サクラソウ科
サクラソウ属

分布
北海道南部・本州・九州;
朝鮮半島・中国東北部・
シベリア東部

所蔵
国立科学博物館

採集年月日
1891年4月12日

採集地
埼玉県戸田ヶ原

サイズ
31×43cm

渡邊協が採集し、伊藤篤太郎が所蔵していたさく葉標本。

4-005

ツマグロキチョウ

帰化植物が育む 絶滅危惧種のチョウ

ツマグロキチョウは、日本では本州から屋久島まで分布し、幼虫はマメ科のカワラケツメイという植物を食べます。河川改修などによりカワラケツメイが減少するにつれ、このチョウも衰退の一途をたどっていきました。2000年代に、この植物に近縁で、北アメリカ原産のアレチケツメイが東海地方で帰化し、強い繁殖力で広がりはじめると、ツマグロキチョウの幼虫がアレチケツメイも食べられるようになり、たくさんのチョウがあちこちで再び見られるようになりました。ただもともとの環境が回復したわけではないので、手放しではよろこべない状況です。

ツマグロキチョウは、食草を求めてしばしば移動することがあります。東京都心ではほとんど見られない種なのですが、白金台の国立科学博物館附属自然教育園でも2009年に確認されました。アレチケツメイへの勢力拡大には、この移動能力も一役買っていると考えられます。

アレチケツメイ
Chamaecrista nictitans

分類
マメ目マメ科カワラケツメイ属

分布
北アメリカ原産
東海地方を中心に帰化

所蔵
国立科学博物館

採集年月日
2008年10月13日

採集地
愛知県瀬戸市

サイズ
31×43cm

帰化植物は日本新記録種がしばしば出現することもあり、標本採集が積極的に行われている傾向がある。

EN

ツマグロキチョウ

Eurema laeta betheseba

分類

チョウ目シロチョウ科キチョウ属

分布

本州〜屋久島・対馬；朝鮮半島・中国

所蔵

東京大学総合研究博物館

採集年月日

2018年

採集地

静岡県島田市

サイズ

開張38mm

アレチケツメイ群落で得られた個体。

4-006

タシロラン

温暖化で激増した かつての希少種

長崎県で1906年に発見されたのがこの種の日本本土で最初の記録です。本州では、神奈川県三浦半島で1958年に初めて見つかりました。1980年代まではたいへん珍しい植物でしたが、1990年代になると、突然、東京都、神奈川県、京都府などの都市緑地で発見されはじめます。その後、さらに北の自生地が次々と見つかり、いまは福島県が分布の北限です。このように分布が北上しつつ自生地も激増しています。

タシロランは熱帯に広く分布する植物で、耐寒性がありません。たとえば東京の冬の最低気温は、1901年〜2000年の100年で4.8℃上がっています。いいかえれば、100年間に東京の冬は鹿児島まで移動したくらいの劇的変化があったのです。タシロラン分布拡大の原因のひとつとして、ヒートアイランド現象と地球温暖化による冬の最低気温上昇が考えられます。またタシロランの生存に不可欠な共生菌は、落ち葉や落枝を分解して栄養とするナヨタケ科の仲間であることが明らかになっています。最近の都市緑地では自然の植生に戻す管理が増えており、植物の遺体もそのまま残されます。タシロランの共生菌の繁殖に都合の良い場所が都市に増えていることが、タシロラン繁栄のもうひとつの原因と思われます。

東京都区部の緑地の暗い森のなかで咲くタシロラン。最近、分布が北上し、あちこちの公園で見られるようになった。（撮影：中山博史）

タシロラン

Epipogium roseum

分類

クサスギカズラ目ラン科
タシロラン属

分布

東北南部以南の日本全土；アフリカ・アジア・オセアニアの湿潤熱帯の全域

所蔵

国立科学博物館

採集年月日

1997年7月18日

採集地

東京都千代田区

サイズ

31×43cm

科博による皇居の生物相調査で1997年に採集された標本。

皇居の植物
NATIONAL SCIENCE MUSEUM (TNS)

Epipogium roseum (D.Don) Lindley
タシロラン
Det. F. Konta
Hab. Humus rich floor in evergreen forest, in shade; fl. white.
JAPAN: HONSHU; Tokyo, Chiyoda-ku, Chiyoda, the Imperial Palace.
[139°45'E 35°41' N] Alt. ca. 20 m.
東京都千代田区千代田，皇居： (I) II III IV V
18 July 1997
Fumihiro KONTA 近田文弘 No. 17825

TNS Database

641654

4-007

ガムシ、ミズスマシほか

身近な水生昆虫に迫る危機

ため池や田んぼ、用水路など、水のある身近な環境で見られる水生昆虫たちは、かつては子どもたちのよい遊び相手でした。子ども向けの昆虫の図鑑や絵本をめくれば、いきいきとしたタガメなどの水生昆虫の絵が目に入ってきます。

残念ながら、人里近くの水生昆虫は、人間生活の変化にともない、急激にその姿を消しつつあります。かつて水生昆虫の安住の地であった田んぼ、ため池や水路は、開発によってそれ自体が減っています。残っていたとしても、強力な農薬の使用や水路の護岸整備などにより、水生昆虫の安住の地ではなくなりつつあります。さらに、オオクチバス、ウシガエル、アメリカザリガニなどの侵略的外来種が侵入すると、水生昆虫が多く生息していた良好な環境は破壊されてしまいます。その結果、子ども向けの絵本に描かれた種をはじめ、水生昆虫の多くが、いまではレッドリストに掲載されるようになってしまいました。

深刻な状況にある水生昆虫は多く、スジゲンゴロウは環境省レッドリストで絶滅のランクにあげられています。これからも水生昆虫が身近な存在であるよう、保全事業や持続可能なモニタリングなど、さまざまな対策が必要とされています。

ガムシ(a)
Hydrophilus acuminatus

分類
コウチュウ目ガムシ科ガムシ属

分布
北海道〜南西諸島;東〜東南アジア

所蔵
国立科学博物館

採集年月日
1990年

採集地
富山県

サイズ
体長38mm

日本最大のガムシ。平地の池や沼に普通だったが激減し、東京都では2020年版レッドリストで絶滅種とされた。

ミズスマシ(b)
Gyrinus japonicus

分類
コウチュウ目ミズスマシ科ミズスマシ属

分布
北海道〜種子島・対馬

所蔵
国立科学博物館

採集年月日
1993年

採集地
佐賀県

サイズ
体長6mm

成虫は水面を素早く泳ぐ。以前は田んぼや流れなどの身近な昆虫だった。

ゲンゴロウ(c)
Cybister chinensis

分類
コウチュウ目ゲンゴロウ科ゲンゴロウ属

分布
本州〜九州;朝鮮半島・中国・台湾・ロシア

所蔵
国立科学博物館

採集年月日
2014年

採集地
北海道

サイズ
体長33mm

日本産ゲンゴロウの最大種。田んぼや池・沼などを好む。

タガメ(d)
Kirkaldyia deyrolli

分類
カメムシ目コオイムシ科タガメ属

分布
北海道〜南西諸島;東〜東南アジア

所蔵
国立科学博物館

採集年月日
1980年

採集地
岐阜県

サイズ
体長33mm

日本最大の水生昆虫。全都道府県のレッドリストにも掲載され、深刻度が高いことが多い。

コオイムシ(e)
Appasus japonicus

分類
カメムシ目コオイムシ科コオイムシ属

分布
本州〜九州;朝鮮半島・中国・台湾・ロシア

所蔵
国立科学博物館

採集年月日
1994年

採集地
宮崎県

サイズ
体長17mm

名前はメスがオスの背中に産卵しオスがそれを守ることに由来。低地の水田や池などに見られた。

a

b

d

e

c

column

急速に減少した都市の生物多様性

世界の人口の半数以上は、陸地の3〜5%に過ぎない都市に集中しています。都会で暮らす多くの生物種は生息場所を失っただけでなく、大気や土壌の汚染、ヒートアイランド現象、外来種の侵入などの影響を受けて、姿を消しました。たとえば東京23区では、2010年までに166種類の植物が絶滅しました。その後の10年でさらに22種類の絶滅が記録され、かつて自生していた植物のうち188種類を失った可能性が高いことが報告されています。

標本や文献資料は、生物の過去の分布の貴重な記録です。そもそもどういった環境で暮らしていたかを知ることができるデータであり、将来、野生復帰をする場合、適切な場所を選ぶ手がかりとなります。また、標本に残されたDNAから、失われた生息地の生物がどのような遺伝的特徴をもつか明らかになります。

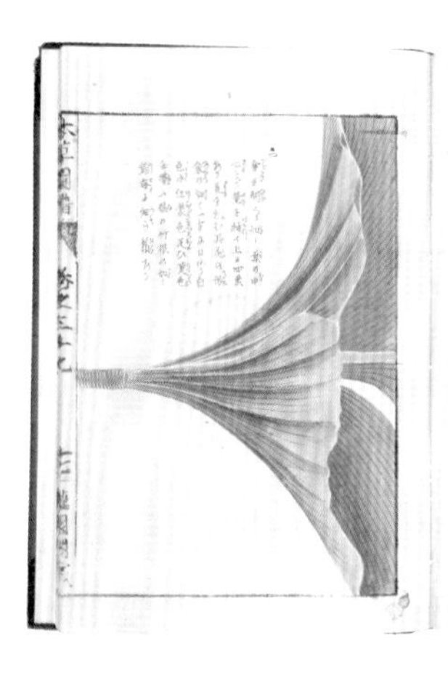
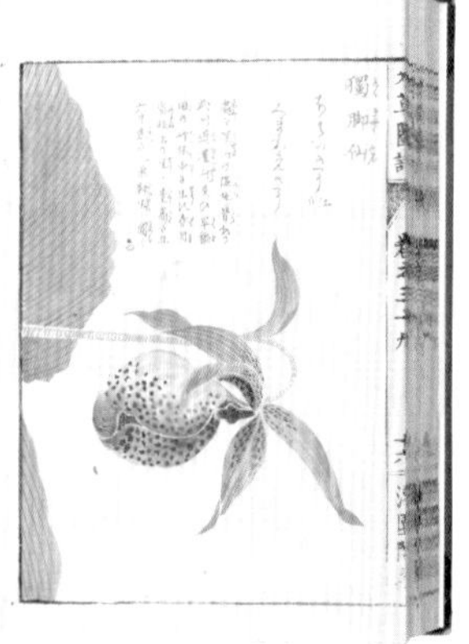

いまでは絶滅危惧Ⅱ類（VU）となり、限られた場所にしか自生しないクマガイソウも、江戸時代には東京都区部のあちこちで見られた。解説には道灌山（荒川区西日暮里付近）や早稲田（新宿区早稲田付近）の竹林に生えると書かれている。

出典：岩崎灌園『本草図譜』巻39（1830）、国立国会図書館デジタルコレクション

V. リビングコレクション

科博の筑波実験植物園の圃場で管理されているシダ植物絶滅危惧種のリビングコレクション。

植物園や動物園・水族館は、さまざまな生物を生きたまま守ることのできる貴重な施設です。絶滅が危ぶまれる種の遺伝的多様性を失わないようコレクションは管理され、必要に応じて野生復帰を行います。また、コレクションを使って種の生物学的特性を明らかにする研究を、保全に役立てています。

EW ●

5-001

コシガヤホシクサ

野生絶滅から野生復帰を目指す水生植物

コシガヤホシクサは、野生からは絶滅し、植物園などでのみ生きている野生絶滅種の水生植物です。科博の筑波実験植物園では、本種が地球上から絶滅することがないように、確実に栽培保存して野生に復帰させるための研究を続けています。

これまでに、野外で生きるための力を持ち続けるための栽培の方法や、野生復帰地（最後に生育していた自生地）での生育に適した環境が明らかになってきました。現在は、外来の水生動物による捕食などが生育を脅かしていますが、地域の方々の力を借りながら、持続的に生育するための環境づくりを目指しています。

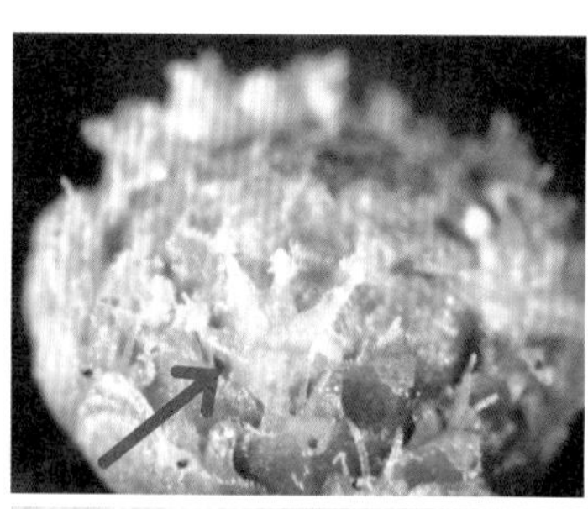

（左）小さな花が集まって咲く。星形の雄花（矢印）は、"星草"の由来とされる。

（左下）野生復帰地で生育し、花を咲かせた個体（2012年10月）。

（右下）秋の初めにたくさんの花序を出し、ハエなどによって受粉される。

コシガヤホシクサ
Eriocaulon heleocharioides

分類
イネ目ホシクサ科ホシクサ属

分布
埼玉県越谷市（絶滅）・茨城県下妻市
（現在は、野生復帰試験中）

所蔵
国立科学博物館

採集年月日
2021年9月28日

採集地
国立科学博物館筑波実験植物園
（茨城県下妻市原産）

サイズ
15×30×6cm

水深10cmで育った個体。花茎が水上に伸びている。

5-002

カンアオイ類

花と送粉者の関係から読み解く進化

多様性、固有性の高い日本列島の植物相にあって、特に多様性が際立っている植物の一群がカンアオイ類（ウマノスズクサ科カンアオイ属カンアオイ節）で、日本に分布する全種のうち1種を除く49種が日本固有です。地味な姿ですが、特に著しいのは花のかたちの多様性で、そこにはカンアオイの繁殖に欠かせない花粉を運ぶ昆虫との複雑な関係が隠されていると考えられています。

科博の筑波実験植物園では、植物の適応進化や多様化を理解するための重要な研究材料としてカンアオイ類に注目し、重点的に収集しています。これを利用し、カンアオイ類のほぼ全種の系統関係を明らかにし、さらにそれぞれの種の花の香りの化学的組成と花粉を運ぶ昆虫の関係についても次々に明らかにしつつあります。

ランヨウアオイの自生地での姿。関東西部から中部地方の太平洋側で比較的よく見られるカンアオイの一種で、4月に開花する。＊p.112に標本写真掲載。

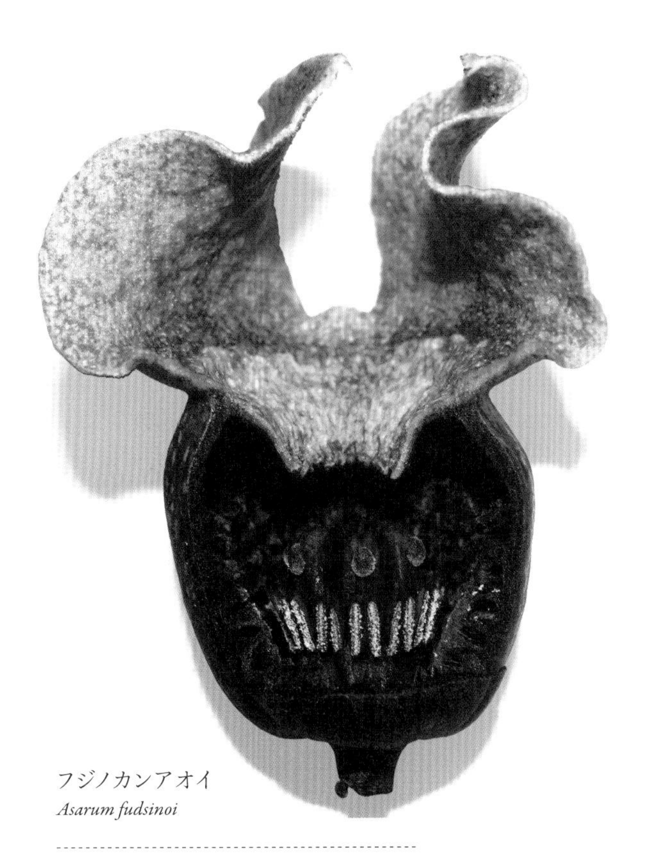

フジノカンアオイ
Asarum fudsinoi

フジノカンアオイの花の断面。萼筒の入口には「返し」構造があって、ハエの仲間をしばし閉じ込めてなかでさまよわせ、花粉を体に付着させる仕掛けになっている。

カンアオイ類を送粉するハエ類

カンアオイの仲間の花は非常に変わった構造をしています。花弁はなく、萼(がく)がつぼ状の構造(萼筒)を作って内部を完全に覆い隠しています。また、花には種ごとに異なる独特のにおいがあります。

このような花の構造は、世界最大で知られるラフレシアの花などと似ています。蜜を出さないカンアオイ類の花は、ハエなどの昆虫をだまして花粉を運ばせるために、同様の生態をもつラフレシアと似たしくみを独自に進化させた(収斂進化)と考えられます。私たちの研究から、キノコバエ類やノミバエ類などの送粉者となるハエの仲間は、カンアオイの種ごとに異なっているらしいことがわかってきました。

カンアオイ属を送粉する
ハエ類の一種
Cordyla murina

分類
ハエ目キノコバエ科 *Cordyla* 属

分布
北半球に広く分布すると考えられるが詳細不明

所蔵
国立科学博物館

採集年月日
2021年4月22日

採集地
国立科学博物館筑波実験植物園

サイズ
2.5mm

Cordyla 属はきのこに集まるキノコバエの仲間だが、カンアオイ属のほか、テンナンショウ属やハランに「だまされて」送粉する昆虫としても知られている。

解明されたカンアオイ類の系統関係と地理的分布成立の歴史

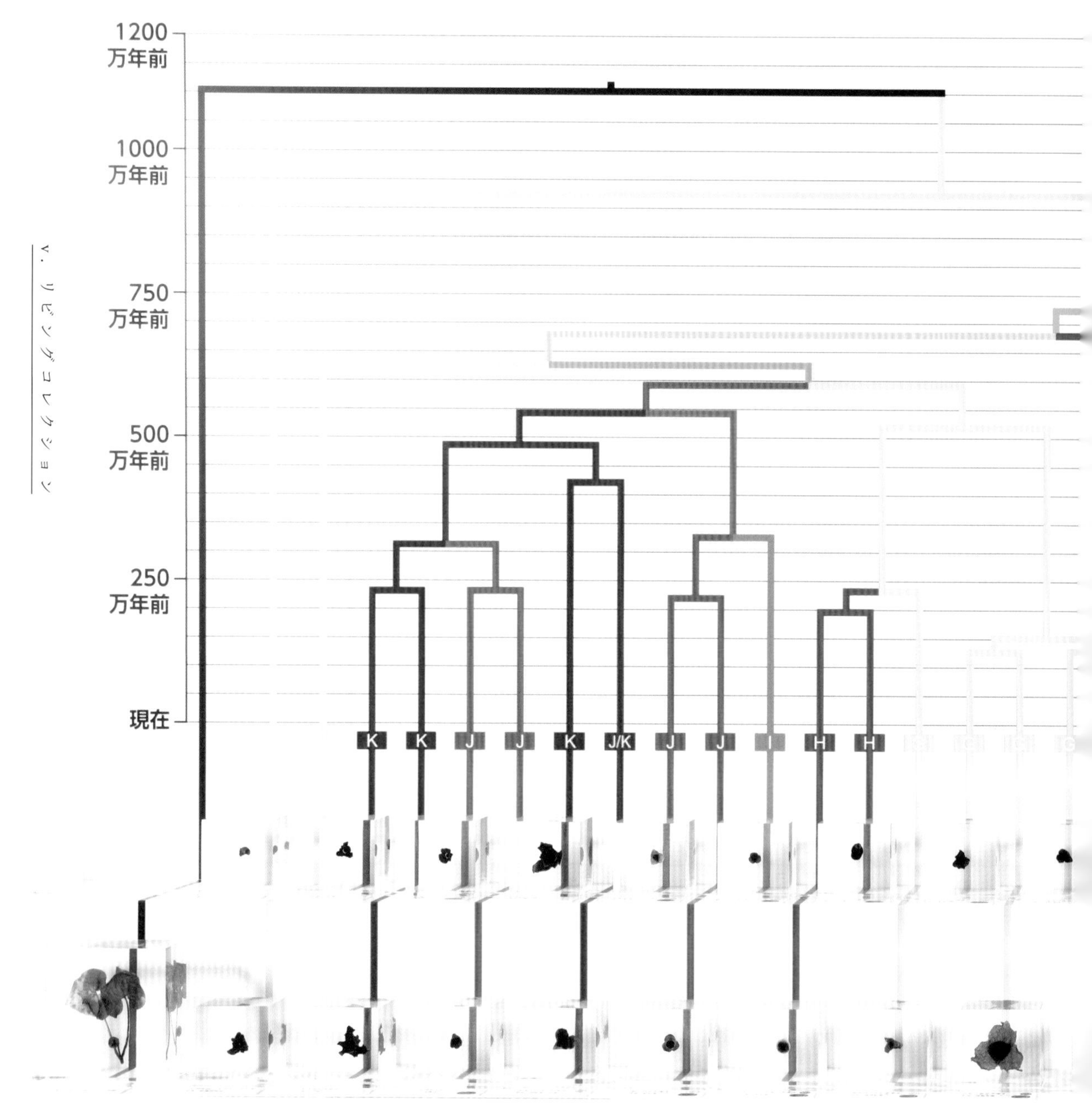

大規模塩基配列情報により推定されたカンアオイ類の系統関係。縦軸は推定された分岐年代を示している。A〜L（p.106〜113に詳細紹介）は現在カンアオイが分布している地域を12に分割した領域を表しており、系統樹の枝の色は過去の分布地域を推定したものである。

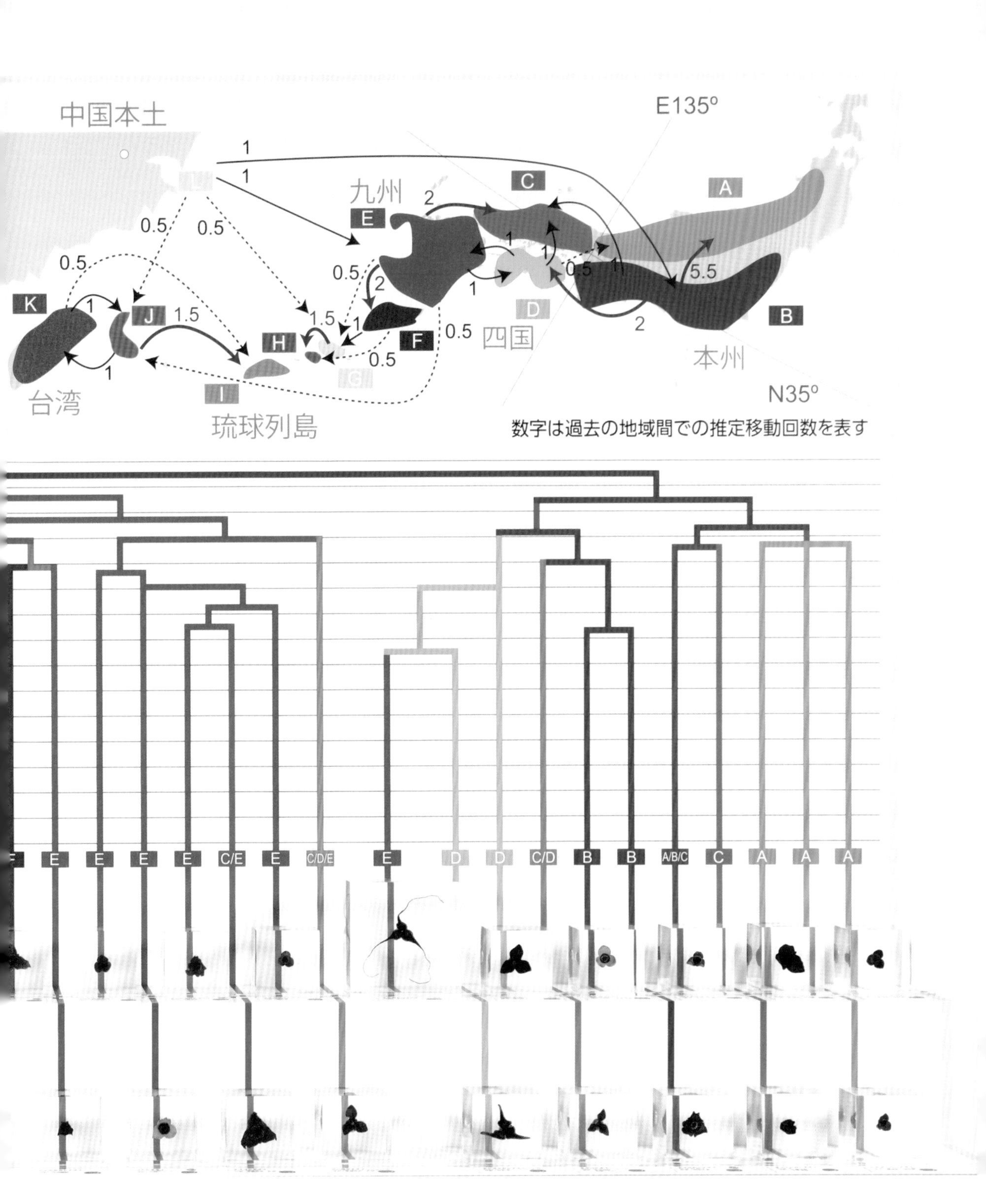

中国本土
E135°
九州
四国
本州
台湾
琉球列島
N35°
数字は過去の地域間での推定移動回数を表す

*1

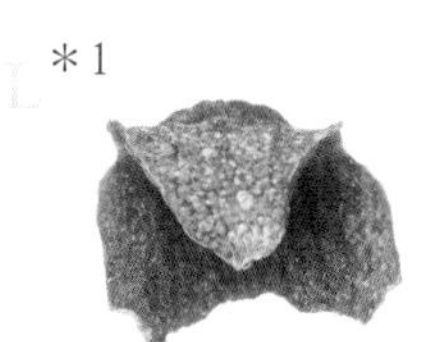

L

トコウ
Asarum forbesii

分布
中国東海岸

L

アサルム・イキャンゲンセ
Asarum ichangense

分布
中国東海岸

K

シロフカンアオイ
Asarum albomaculatum

分布
台湾

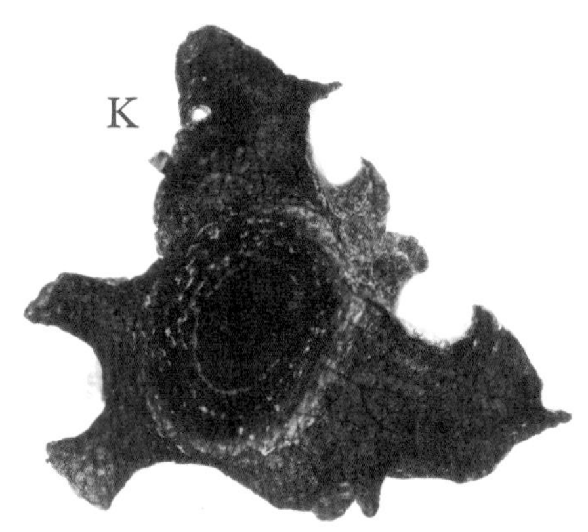

K

ホウライアオイ
Asarum macranthum

分布
台湾

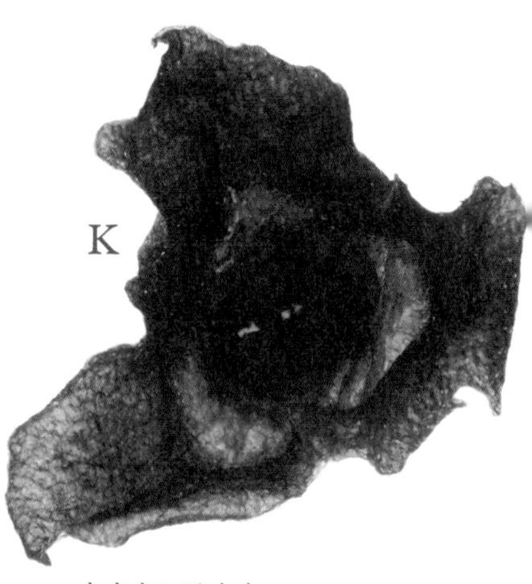

K

オオカンアオイ
Asarum hypogynum

分布
台湾

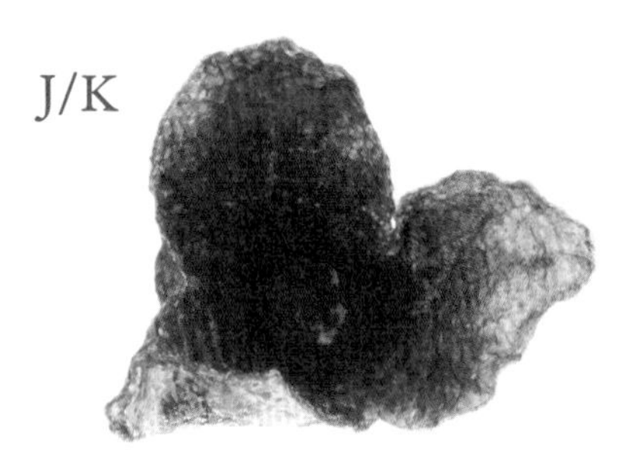

J/K

ヤエヤマカンアオイ
Asarum yaeyamense

分布
沖縄県西表島；台湾

*1 前ページ（p.104〜105）の系統樹の枝の色とアルファベットに対応。

*2 p.106〜113のカンアオイ類の写真は等倍で掲載。

モノドラカンアオイ
Asarum monodoriflorum

分布
沖縄県西表島

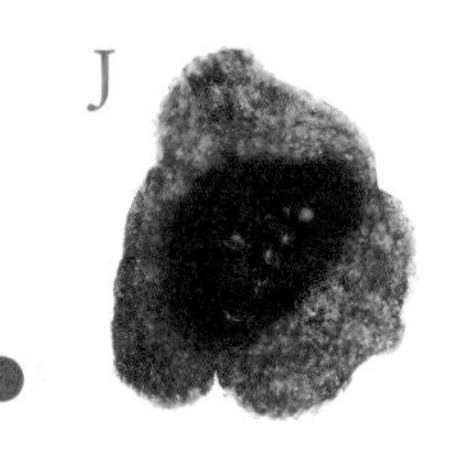

エクボサイシン
Asarum gelasinum

分布
沖縄県西表島

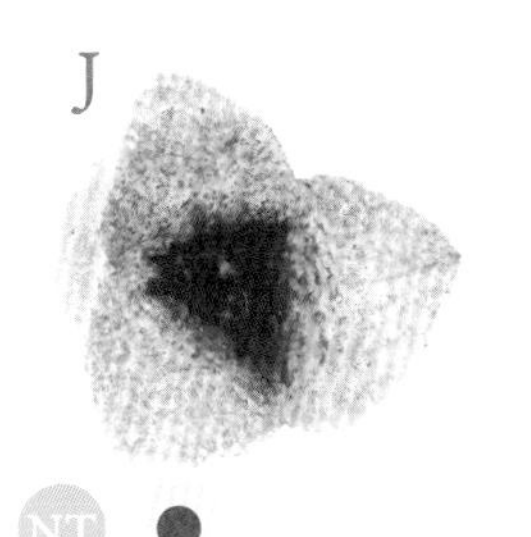

オモロカンアオイ
Asarum dissitum

分布
沖縄県石垣島

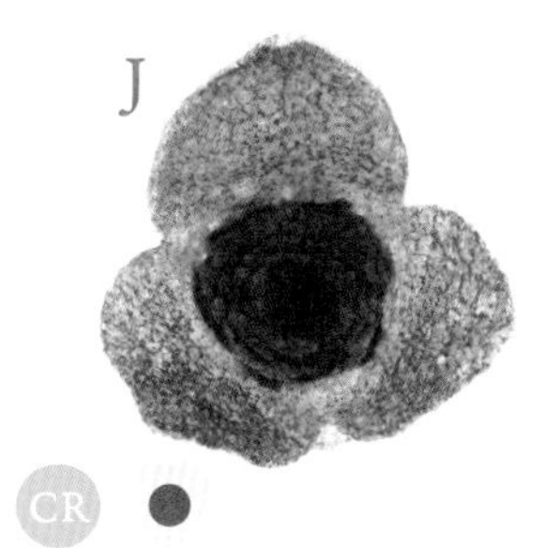

センカクアオイ
Asarum senkakuinsulare

分布
沖縄県魚釣島

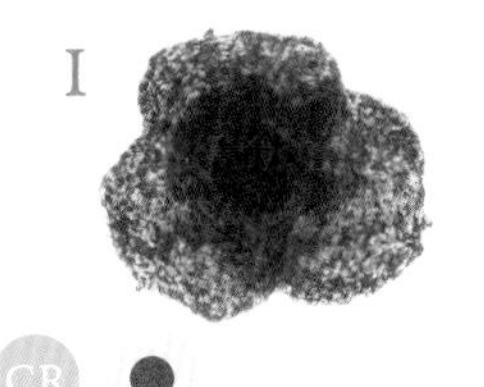

ヒナカンアオイ
Asarum okinawense

分布
沖縄県沖縄島

近隣に分布する種どうしは近縁

ここではカンアオイの仲間を分布している地域ごとに配列している。カンアオイの仲間には地域固有種が多い一方で、特定の地域、例えば琉球列島なら琉球列島の中で、著しく姿形が異なる花をつける多様な種が分布している点が特筆に値する。しかし、たとえ姿形が大きく異なっていても、これら近隣に分布する種同士は概して極めて近縁であることが系統解析の結果から明らかになった。

H

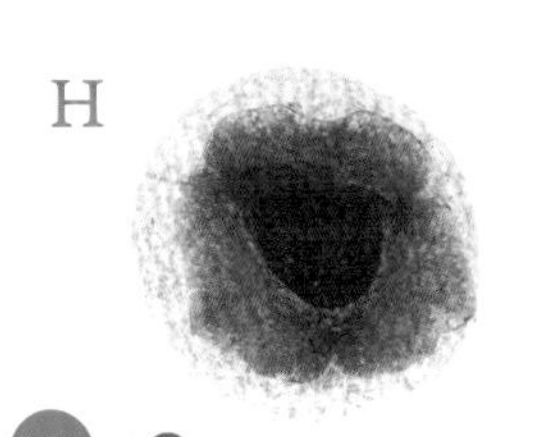

VU ●

トクノシマカンアオイ
Asarum simile

分布
鹿児島県徳之島

H

EN ●

ハツシマカンアオイ
Asarum hatsushimae

分布
鹿児島県徳之島

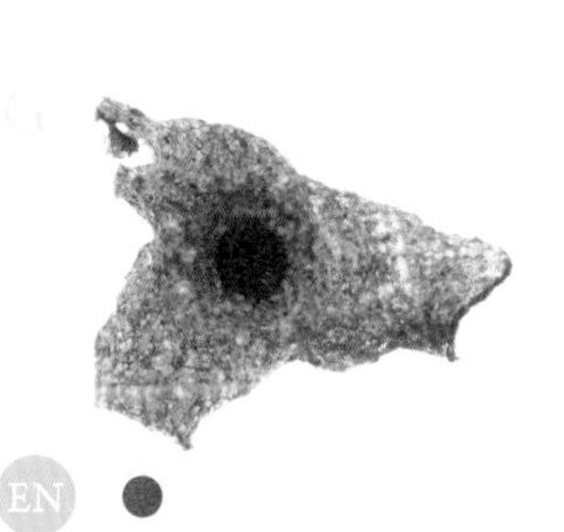

EN ●

カケロマカンアオイ
Asarum trinacriforme

分布
鹿児島県奄美諸島

CR ●

アサトカンアオイ
Asarum tabatanum

分布
鹿児島県奄美大島

CR ●

グスクカンアオイ
Asarum gusk

分布
鹿児島県奄美諸島

EN ●

ミヤビカンアオイ
Asarum celsum

分布
鹿児島県奄美諸島

VU ●

フジノカンアオイ
Asarum fudsinoi

分布
奄美大島

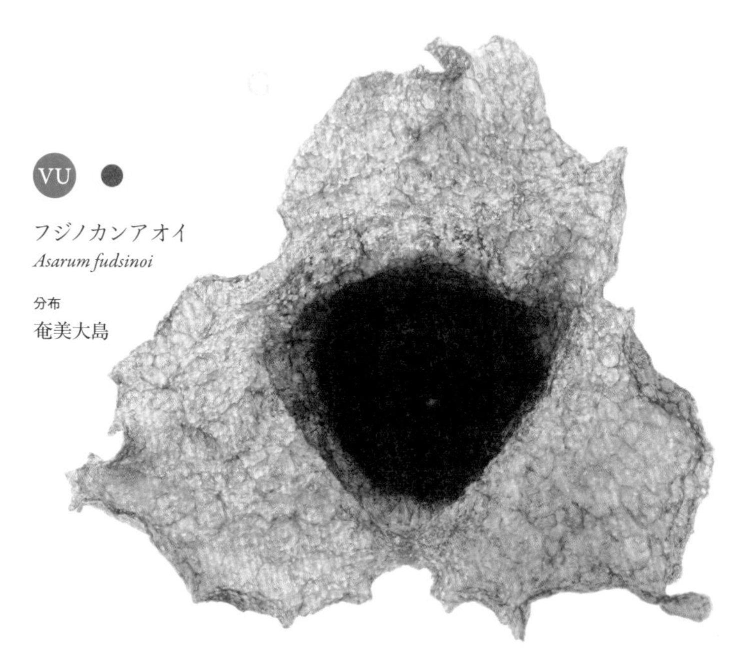

奄美諸島で
多様化を遂げたカンアオイ

日本列島で多様化を遂げたカンアオイ類だが、なかでも奄美諸島（鹿児島県）に特に多くの種が集中しており、11種もの自生が知られている。このうちオオバカンアオイを除く10種は奄美諸島でただひとつの祖先種から進化（種分化）を遂げたものである。そのなかにはカンアオイ類で最大の花をつけるフジノカンアオイや最小の花をつけるトリガミネカンアオイのような種が含まれており、植物の劇的な進化を理解するための格好の研究対象といえるだろう。

G/H

EN

オオバカンアオイ
Asarum lutchuense

分布
鹿児島県奄美大島・徳之島

F

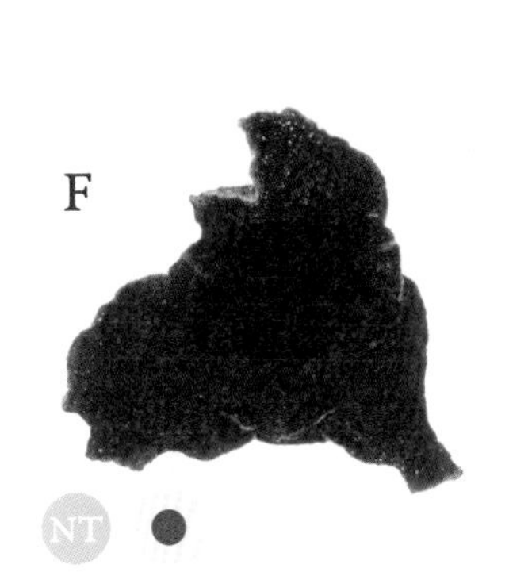

NT

トカラカンアオイ
Asarum tokarense

分布
鹿児島県吐噶喇列島

F

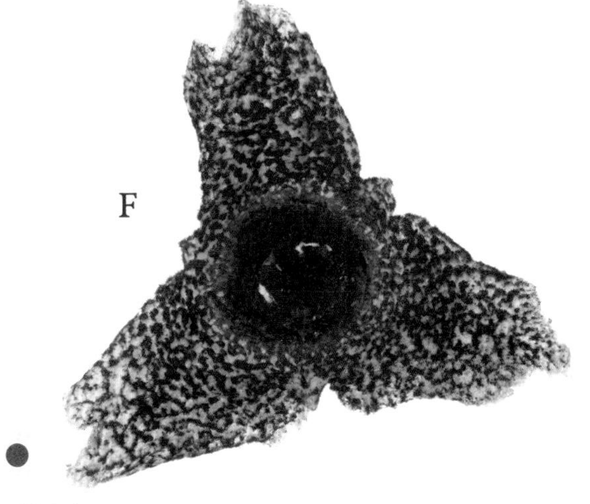

VU

ヤクシマアオイ
Asarum yakusimense

分布
鹿児島県屋久島

ヒュウガカンアオイ
Asarum trinacriforme

分布
鹿児島県奄美諸島

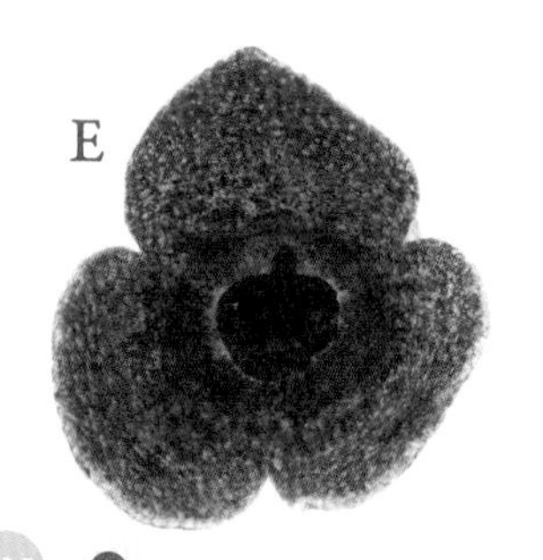

EN

マルミカンアオイ
Asarum subglobosum

分布
九州

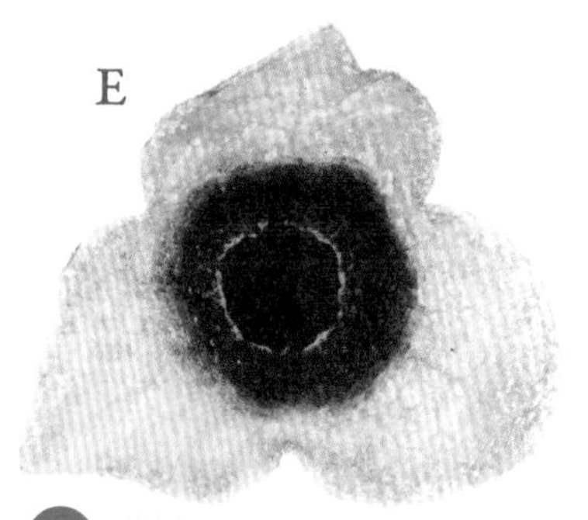

ツクシアオイ
Asarum kiusianum

分布
九州

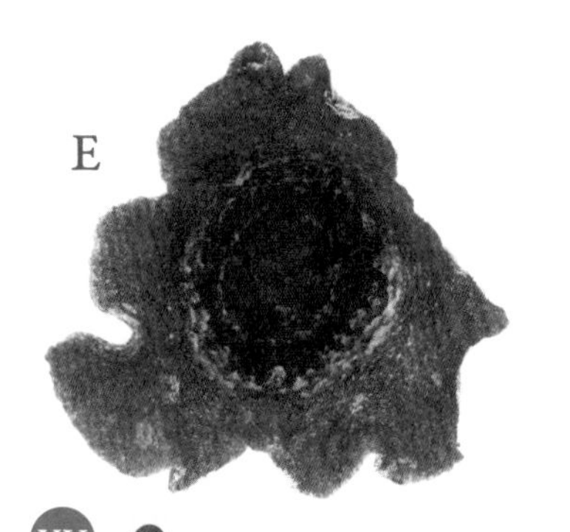

VU

ウンゼンカンアオイ
Asarum unzen

分布
九州北部

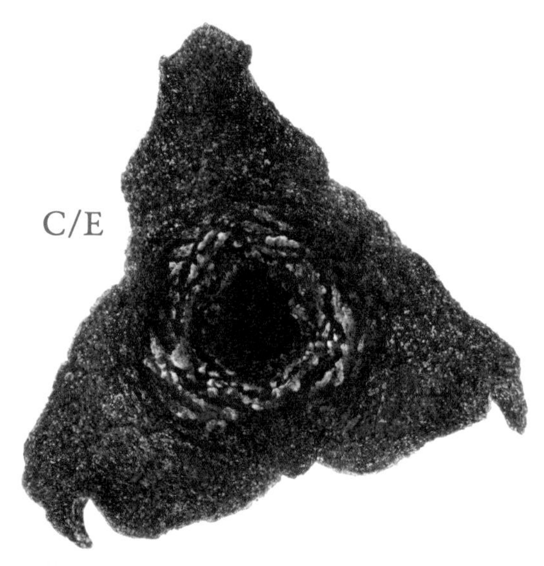

タイリンアオイ
Asarum asaroides

分布
中国地方・九州

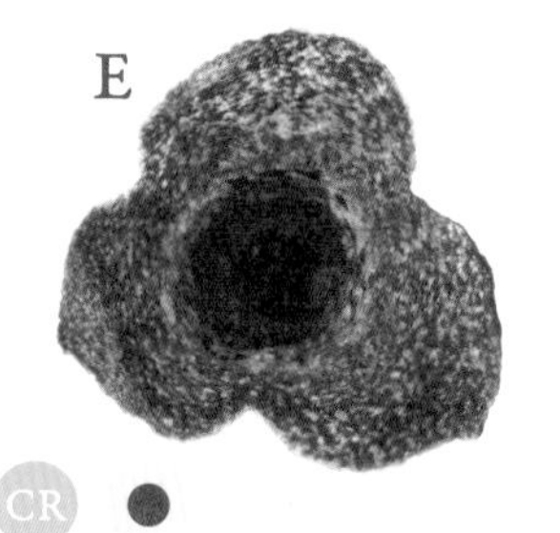

CR

フクエジマカンアオイ
Asarum mitoanum

分布
長崎県福江島

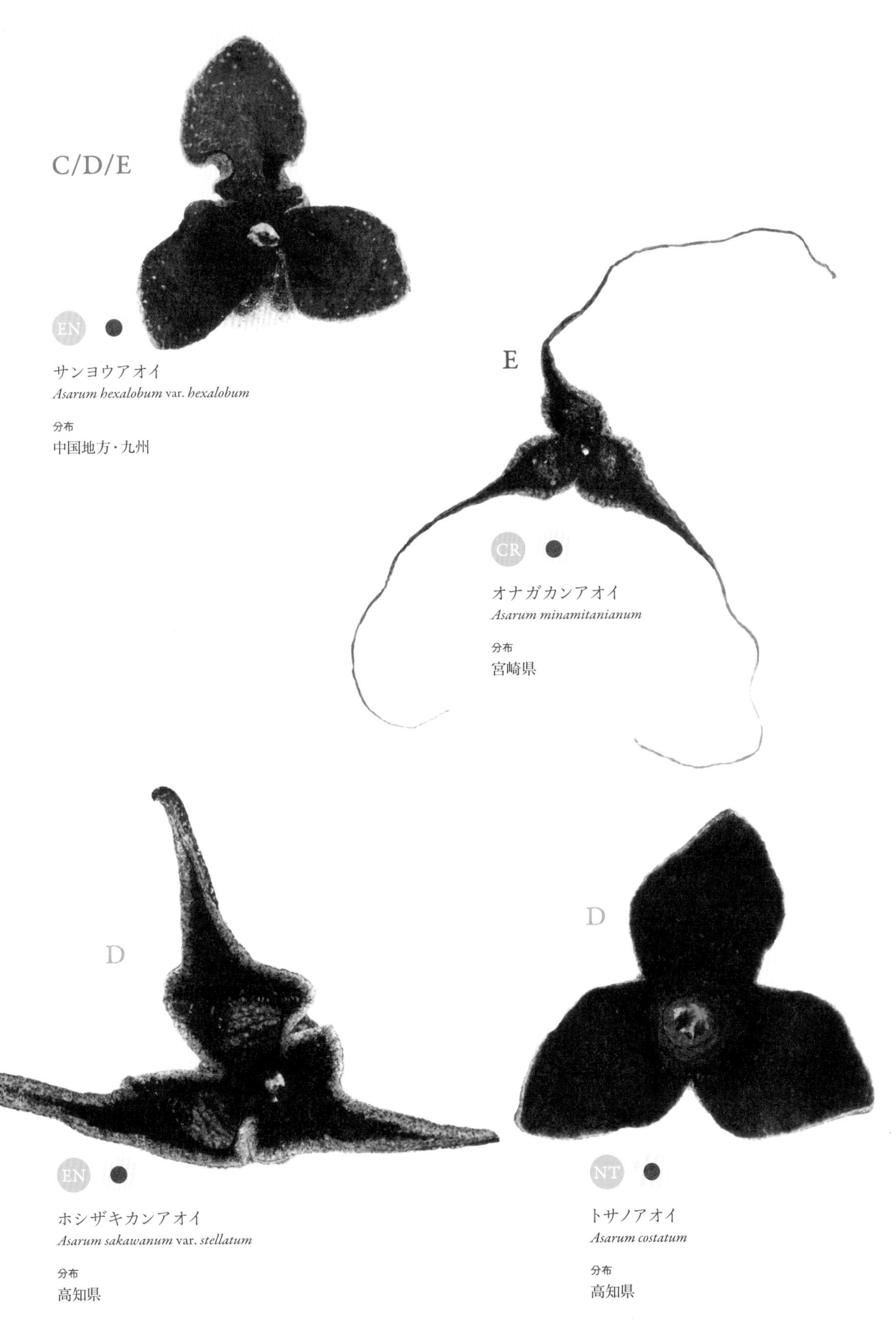

C/D/E

EN ●

サンヨウアオイ
Asarum hexalobum var. *hexalobum*

分布
中国地方・九州

E

CR ●

オナガカンアオイ
Asarum minamitanianum

分布
宮崎県

D

EN ●

ホシザキカンアオイ
Asarum sakawanum var. *stellatum*

分布
高知県

D

NT ●

トサノアオイ
Asarum costatum

分布
高知県

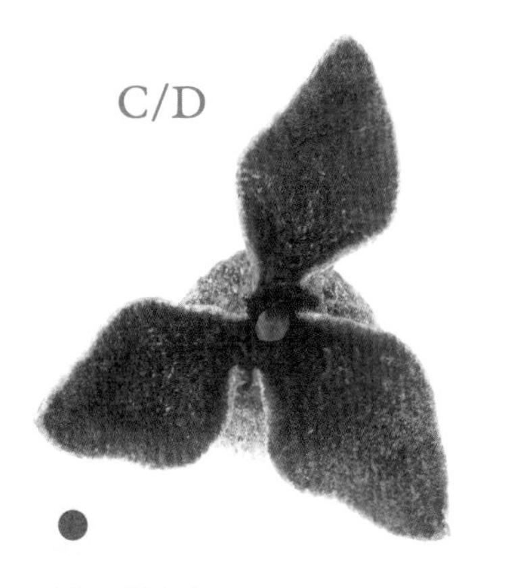

ミヤコアオイ
Asarum asperum var. *asperum*

分布
本州西部・四国・九州

郷土のカンアオイを調べてみよう

カンアオイの仲間のなかには園芸用の採取や生育地の開発などで数を減らし、絶滅の恐れのある種も多いが、ミヤコアオイやランヨウアオイ、カントウカンアオイなど比較的個体数の多い種もあり、山野に出かければそれほど目にすることが難しい植物ではない。自分の住んでいる地域の近くにはどのようなカンアオイが生育しているか、その種にはどのような特徴があるかを知ることで、地元の自然の価値を再認識できるのではないだろうか。

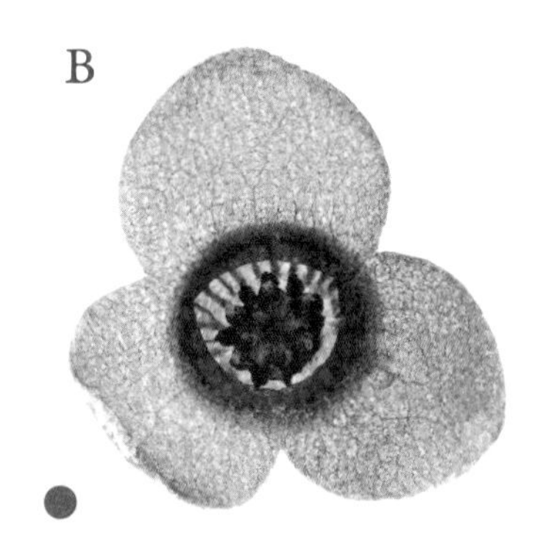

ランヨウアオイ
Asarum blumei

分布
関東・中部地方の太平洋側

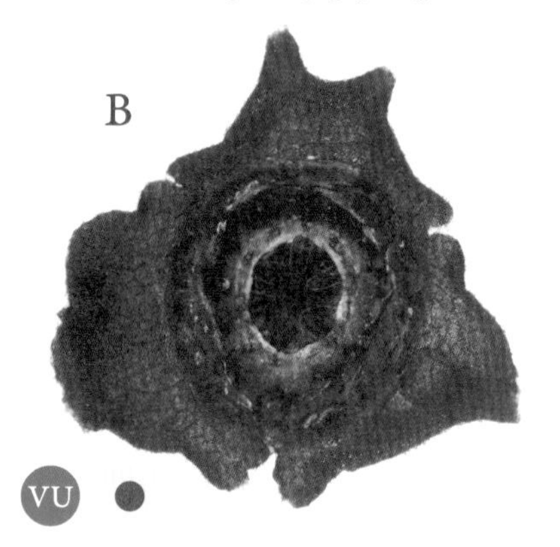

アマギカンアオイ
Asarum muramatsui

分布
伊豆半島

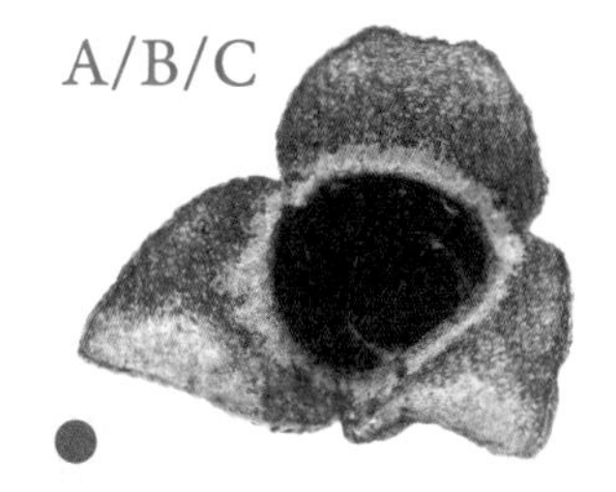

ヒメカンアオイ
Asarum fauriei var. *takaoi*

分布
本州・四国

サンインカンアオイ
Asarum sp.

分布
中国地方・日本海側

A

NT

コシノカンアオイ
Asarum megacalyx

分布
福島県・新潟県

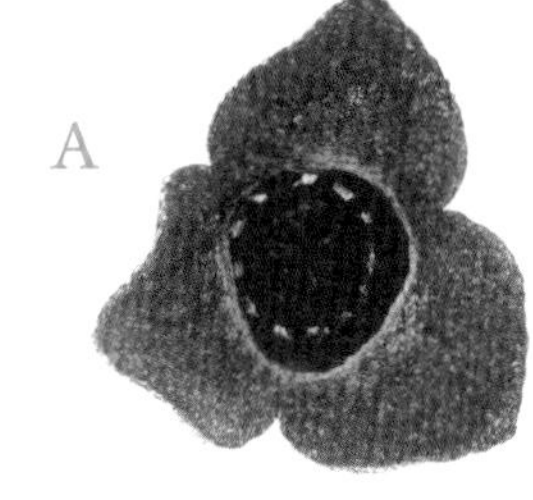

A

ユキグニカンアオイ
Asarum ikegamii var. *ikegamii*

分布
福島県・新潟県

A

NT

クロヒメカンアオイ
Asarum yoshikawae

分布
新潟県・富山県

フタバアオイ
Asarum caulescens

分類
コショウ目ウマノスズクサ科
カンアオイ属

分布
本州・四国・九州；中国

所蔵
国立科学博物館

採集年月日
2021年4月13日

採集地
国立科学博物館筑波実験植物園
（奥秩父原産）

サイズ
12×12×5cm

カンアオイ類に近縁な夏緑性の種。徳川家の家紋「三つ葉葵」は本種を図案化したもの。樹脂封入標本。

5-003

絶滅寸前のシダ植物

研究と保全に活用される日本最大のコレクション

日本には736種のシダ植物が分布しますが、実にそのうちの35.3%（260種）が環境省レッドリストに掲載されており、87種がもっとも絶滅のおそれの高い絶滅危惧IA類（CR）、58種がそれに次ぐ絶滅危惧IB類（EN）と判定されています。つまり5種に1種が絶滅寸前種ということになります。日本のシダにとって最大の脅威は全国で増加しているニホンジカであり、かつては珍しくなかった種が2000年前後から急速に姿を消しています。自生地に防鹿柵を設置する取り組みも行われていますが、対象種数とその生育地点数が膨大なため、対応がまったく追いついていません。

科博の筑波実験植物園では、自生地における存続が危ういと判断されるシダ植物の生育域外保全を積極的に行っており、園内の温室内または屋外で100種以上の環境省レッドリスト掲載種が生きた状態で維持されています。域外保全株は、倍数性や生殖様式などそれぞれの種の特性を解明するための研究材料としても頻繁に活用されています。

筑波実験植物園の非公開区域で生育域外保全されている日本産シダ植物の絶滅危惧種。標本と同様に、リビングコレクションでも一株ごとにユニークな登録番号がつけられている。

アマミデンダ
Polystichum obae

分類
ウラボシ目オシダ科イノデ属

分布
鹿児島県奄美大島

所蔵
国立科学博物館

採集年月日
2021年8月25日

採集地
国立科学博物館筑波実験植物園
（鹿児島県奄美大島原産）

サイズ
15×20×5cm

奄美大島の渓流沿いにごくわずかに見られる。筑波実験植物園栽培株から製作した樹脂封入標本。

CR

危機に瀕した唯一の自生地と植物園への退避

希少生物の生息地点情報は、広まると乱獲や盗掘につながるため、非公開とするのが一般的です。その一方、情報を隠すと、誰も気づかないうちに生息地が失われてしまう危険性が生じます。

林床性のシダ植物であるシムライノデは、東京都西部にあった唯一の自生地に数百株が生育していましたが、希少種の生育地とは認識されないままスギ植林の伐採がはじまりました。半数以上の個体は判明時点ですでに失われ、残った個体もほぼすべてが伐採予定地内にあることがわかりました。約50株を2018年2月に科博の筑波実験植物園と東京都の植物多様性センターへ緊急退避させ、かろうじて全滅を免れました。

スギの伐採作業により、林床に生育していたシムライノデも姿を消した。

伐採予定地に残っていたシムライノデを植物園に退避するための掘上げ作業。

筑波実験植物園に運ばれたあと、鉢に植え付けられた直後のシムライノデ。

シムライノデ
Polystichum shimurae

分類
ウラボシ目オシダ科イノデ属

分布
東京都・静岡県(絶滅);中国

所蔵
国立科学博物館

採集年月日
2021年8月25日

採集地
国立科学博物館筑波実験植物園
(東京都西部原産)

サイズ
20×50×5cm

最大の自生地が失われたことを受けて、環境省レッドリスト2020では、絶滅危惧IB類(EN)からIA類(CR)に変更された。

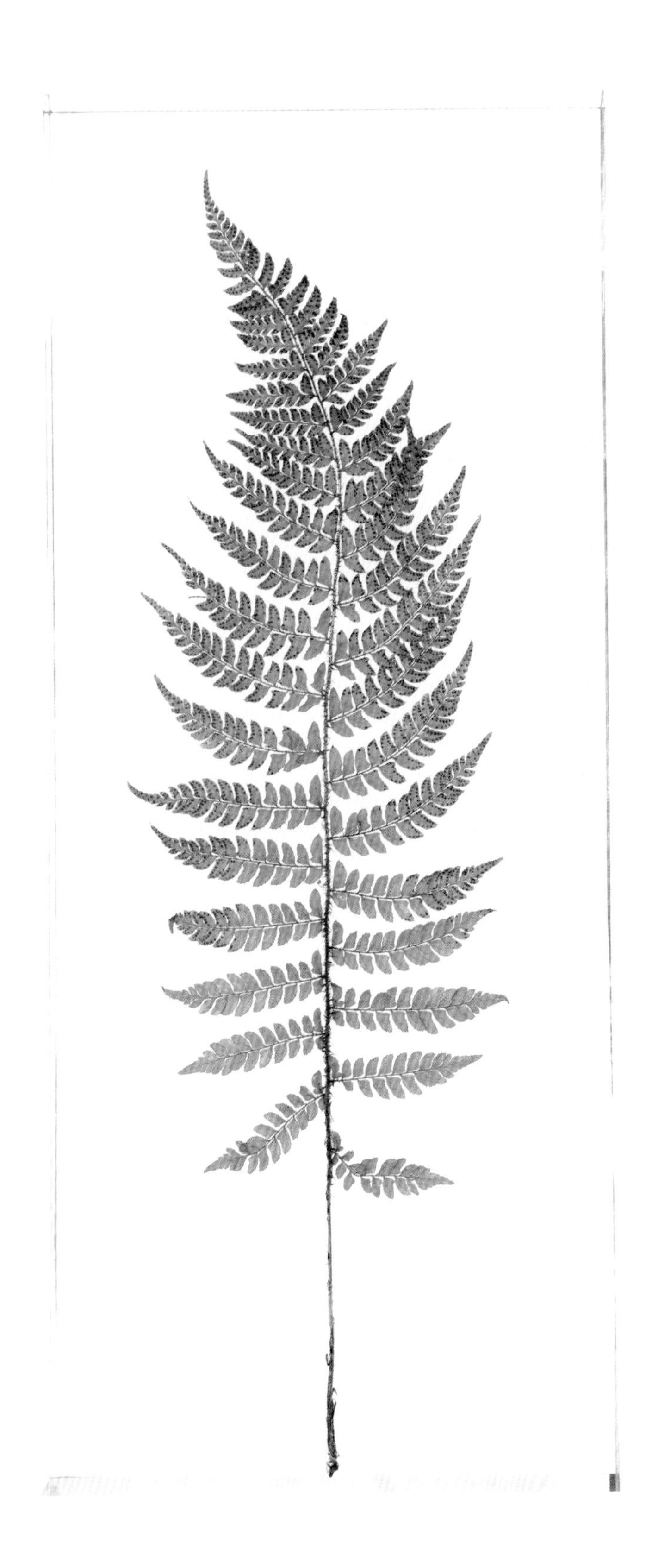

CR

野生絶滅種・絶滅寸前種のシダの増殖

植物園で生育域外保全を行っている植物の株は、いつかは寿命を迎えて枯死してしまいます。日本産個体群のさらに安定した系統保存を目指して、科博の筑波実験植物園では保有している絶滅危惧種から胞子を採取し、それを培養することにより個体の増殖を進めています。

シダ植物の胞子は、発芽すると数mmの大きさの前葉体を作ります。前葉体の上で受精がうまく起こると、新しい個体(胞子体)が葉を伸ばしますが、成熟して胞子をつけるようになるまでにはさらに数年かかるのが普通です。成熟する前に枯れてしまうこともあるので、複数箇所で栽培してリスク分散を図ることも重要です。

胞子から増殖したシダ類幼胞子体（キリシマイワヘゴ）
胞子から増殖したシダ類前葉体
（キリシマイワヘゴ・クマヤブソテツ）
Fern gametophytes propagated from spores
胞子を蒔くと、まず心臓形の前葉体が成長し、
その後胞子体（通常のシダの葉）が伸びてくる。

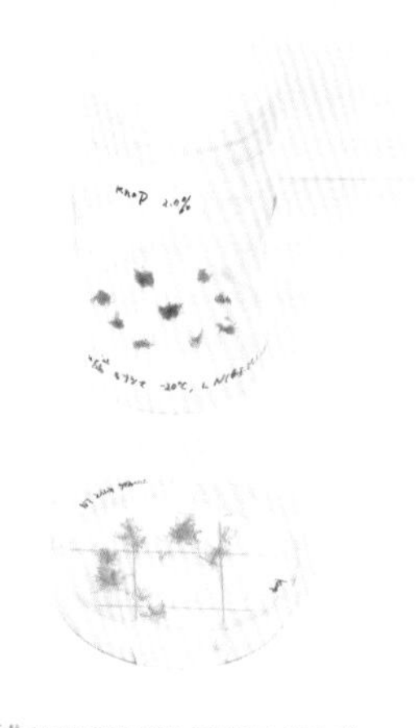

培養中のシダ類前葉体（キリシマイワヘゴ）
Fern gametophytes in culture (Dryopteris hangchowensis)
4個体のみ残る徳島県産株から採集した胞子を蒔き、
成長している前葉体。

残り4個体の徳島県産キリシマイワヘゴを胞子から増殖する。

(右および左下)右ページ(p.119)の個体から得られた胞子を寒天培地上にまくことによって形成された前葉体。右のガラス瓶とシャーレ内の個体は生きた状態。左下は前葉体1個体ずつを樹脂封入したもの(左がキリシマイワヘゴ、右はクマヤブソテツのものだが、前葉体のかたちで種を区別するのは難しい)。

(左上)培養した前葉体上で受精が起こって成長したキリシマイワヘゴ。胞子をまいてから3年ほど経った未成熟個体を樹脂封入したもの。

キリシマイワヘゴ
Dryopteris hangchowensis

分類
ウラボシ目オシダ科オシダ属

分布
徳島県・宮崎県;中国（浙江省）

所蔵
国立科学博物館

採集年月日
2021年8月25日

採集地
国立科学博物館筑波実験植物園（徳島県原産）

サイズ
10×20×5cm

徳島県では絶滅寸前。シカ食害により霧島山系ではいったん絶滅とされたが、近年再発見された。筑波実験植物園栽培株から製作した樹脂封入標本。

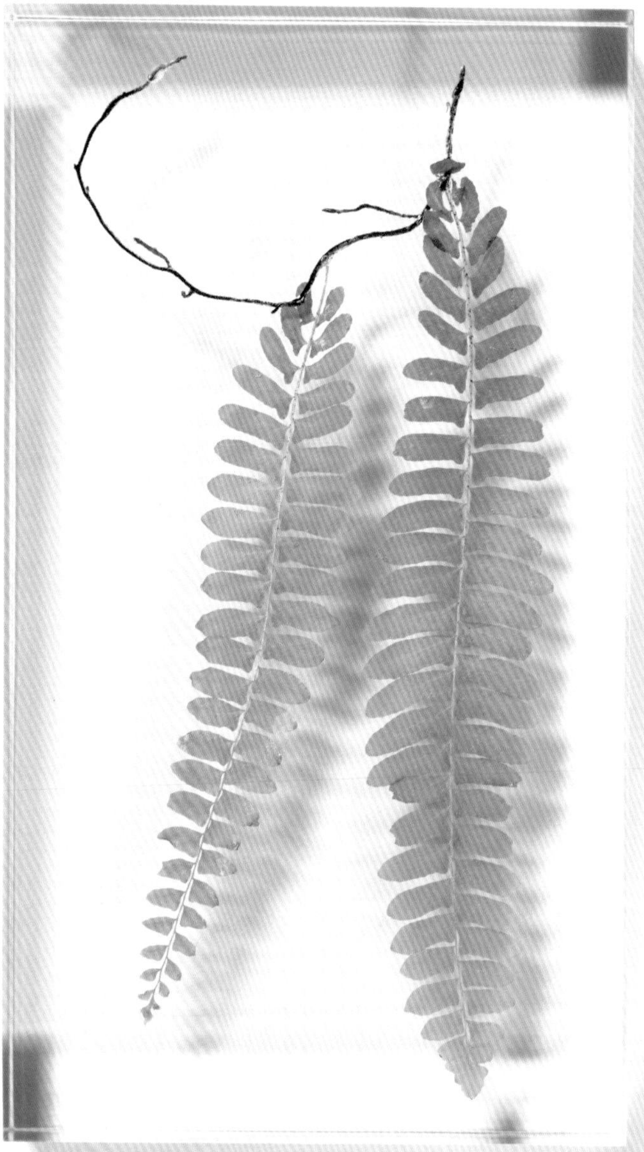

ワラビツナギ
Arthropteris palisotii

分類
ウラボシ目
ナナバケシダ科
ワラビツナギ属

分布
琉球列島（奄美大島以南）；
中国（南部）・台湾・旧世界
の熱帯

所蔵
国立科学博物館

採集年月日
2021年8月25日

採集地
国立科学博物館筑波実験植物園
（沖縄県原産）

サイズ
25×35×5cm

根茎はつる状に木をよじ登る性質をもつ。栄養繁殖株を利用した樹脂封入標本。

リュウキュウ
キンモウワラビ
Hypodematium fordii

分類
ウラボシ目
キンモウワラビ科
キンモウワラビ属

分布
沖縄県沖縄島;中国

所蔵
国立科学博物館

採集年月日
2021年8月25日

採集地
国立科学博物館
筑波実験植物園
(沖縄県原産)

サイズ
10×25×5cm

石灰岩地生だが、日本における産地が局限される。胞子による増殖株の樹脂封入標本。

ジャコウシダ
Deparia formosana

分類
ウラボシ目メシダ科
シケシダ属

分布
鹿児島県屋久島；中国（雲南省）・台湾

所蔵
国立科学博物館

採集年月日
2021年10月4日

採集地
国立科学博物館筑波実験植物園（鹿児島県屋久島原産）

サイズ
15×30×5cm

日本における産地は屋久島の1か所のみ。系統保存株から採った葉の樹脂封入標本。

アマミアオネカズラ
Goniophlebium amamianum

分類
ウラボシ目ウラボシ科
アオネカズラ属

分布
鹿児島県奄美群島

所蔵
国立科学博物館

採集年月日
2021年10月4日

採集地
国立科学博物館筑波実験植物園(鹿児島県奄美大島原産)

サイズ
15×35×5cm

温帯に分布するアオネカズラに似るが、根茎の鱗片が長いことが特徴。樹脂封入標本。

ヒュウガシケシダ
Deparia minamitanii

分類
ウラボシ目メシダ科
ヘラシダ属

分布
宮崎県・熊本県

所蔵
国立科学博物館

採集年月日
2021年8月25日

採集地
国立科学博物館筑波
実験植物園(宮崎県原産)

サイズ
20×35×5cm

シカの食害で、自生地では防鹿柵の中のみに生き残っている。葉のみの樹脂封入標本。

ムニン
ミドリシダ
Diplazium subtripinnatum

分類
ウラボシ目
メシダ科
ノコギリシダ属

分布
東京都
小笠原諸島

所蔵
国立科学博物館

採集年月日
2021年8月25日

採集地
国立科学博物館
筑波実験植物園
(東京都小笠原諸島原産)

サイズ
30×55×5cm

小笠原諸島産個体を用いた胞子による増殖株を、樹脂封入したもの。

column

標本にもとづいた正確な分布図作成

ある生物種の標本を、その分布域においてくまなく収集することで、地図上に水平分布を描きだすことが可能になります。1県に限れば、このような徹底的な標本収集によって生物の分布が把握されている例が複数ありますが、全国規模では実際に近い分布図を描けるほどに標本が収集されている生物はまだ少数です。

シダ植物では、2次メッシュ（約10×10kmの方形区）単位の分布図作成が愛好家団体を中心に1970年代に企画され、約18万点の標本にもとづいた分布図が20年近くの歳月をかけて出版されました。さらに、2016〜2017年には、新知見と新分布を加えた新しい分布図が公表されました。分布点1点ずつに対応する証拠標本が保存されているため、今後それらを再検討することによって、さらなるアップデートが期待できます。

標本の情報は「在データとはなっても不在データにはならない」（＝その地点に存在した証拠にはなるが、存在しなかった証拠にはならない）という特性がひとつの弱点とされます。しかし、シダ植物の分布図作成にあたっては、標本未採集の地域に実際に足を運んで「穴埋め」の採集をする努力が払われたことによって、標本の未採集地は実質的に不在情報とみなすことが可能です。

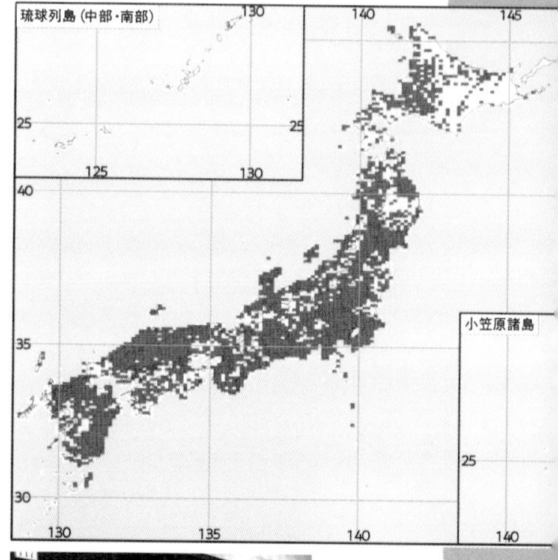

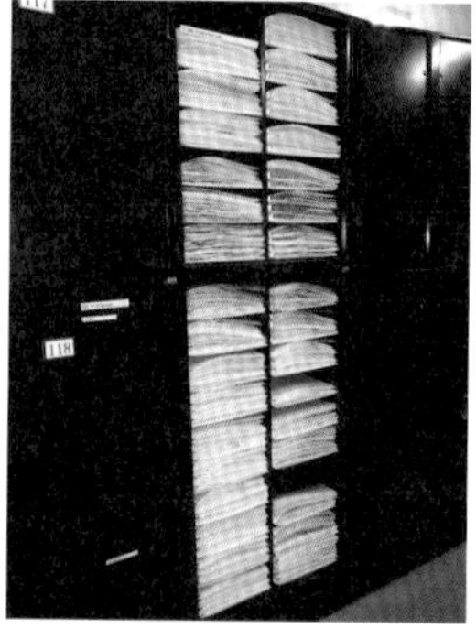

（上）集められた標本にもとづいたスギナの分布図。日本全体を1辺約10kmの方形区に区切って分布の有無が記録されている。証拠標本の9割以上は科博に収蔵されている。

（下）科博に収蔵されている大量のスギナのおし葉標本。日本産に限っても3,500点にのぼる。

VI. 標本の挑戦

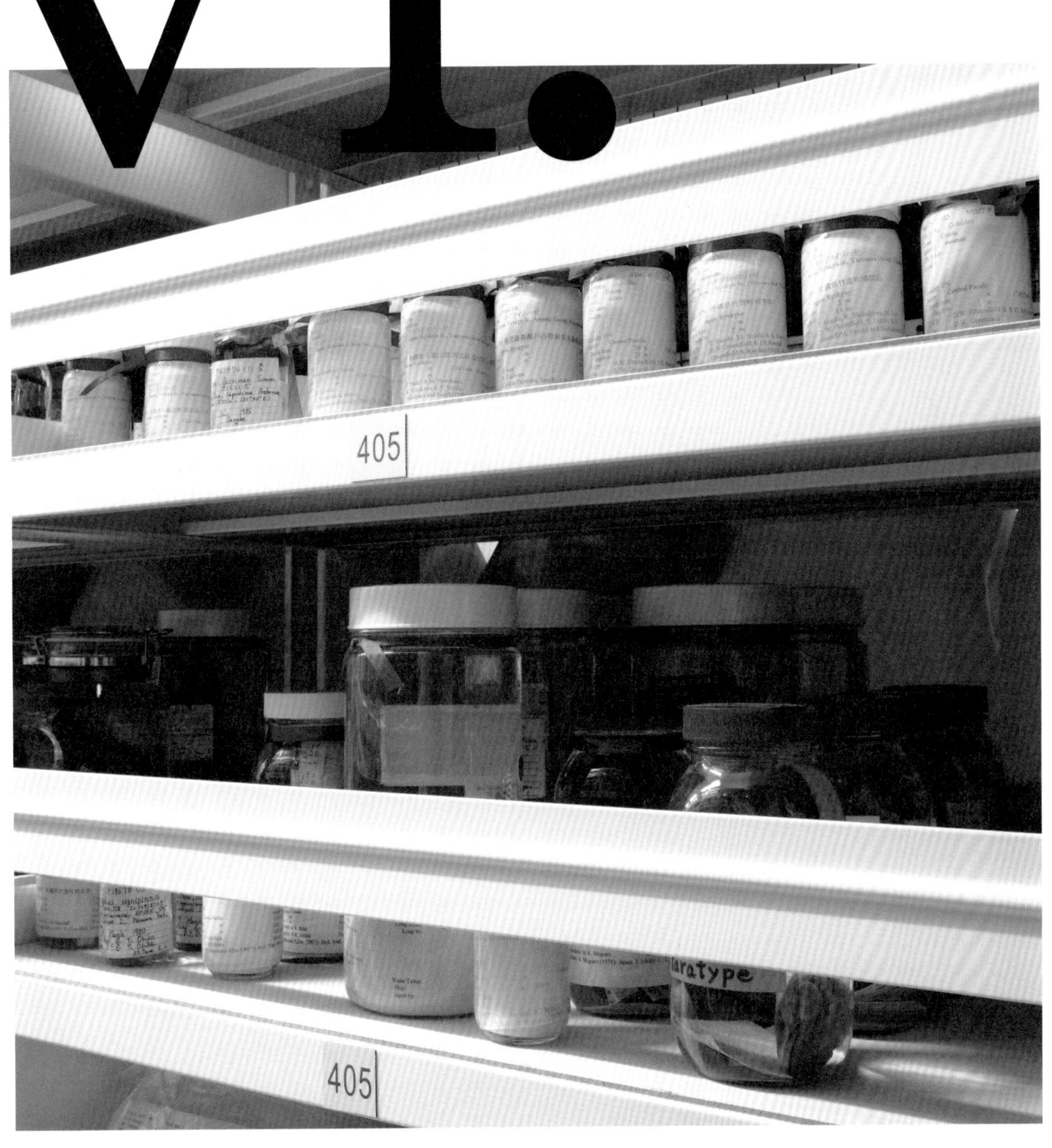

魚類の標本(ホロタイプ標本には赤いリボンが、パラタイプ標本には青いリボンが巻かれている)。
＊p.154〜155に詳細紹介

生物の標本は、形態を調べるための資料として位置付けられてきました。標本の作製・保管方法もかたちを遺すことを最優先して選ばれています。ところが、近年の技術革新によって新しい標本の活用法がもたらされました。それは大量の情報処理と、標本を用いたDNA解析です。

標本を手がかりにした 中央アルプスへの再導入

ライチョウは、この30年間に生息数がほぼ半減した高山の絶滅危惧種です。減少の原因はキツネ、テン、カラスなどの捕食者の高山帯への侵入と増加で、地球温暖化の影響も危惧されています。集団が頸城（くびき）、北アルプス、乗鞍、御嶽、南アルプスに残っていますが、白山、中央アルプス、八ヶ岳ではすでに絶滅しています。中央アルプスへの再導入が2020年から試みられていますが、それに先立って、どこの山岳の個体を再導入に使うのがよいかを検討するために、科博は、絶滅前の中央アルプス集団の遺伝子型を剝製を使って調べ、乗鞍集団などと一致していたことを確かめました。

乗鞍岳から中央アルプスの駒ヶ岳へ移送されたライチョウは繁殖に成功しています。特に死亡率が高い、ヒナが小さい時期にはケージ内で保護しながら人が成長を見守って、ヒナの生存率を高めることに成功しています。2022年にはさらに動物園で飼育繁殖した親子を駒ヶ岳に放鳥し、中央アルプスでのライチョウ復活計画を進めています。

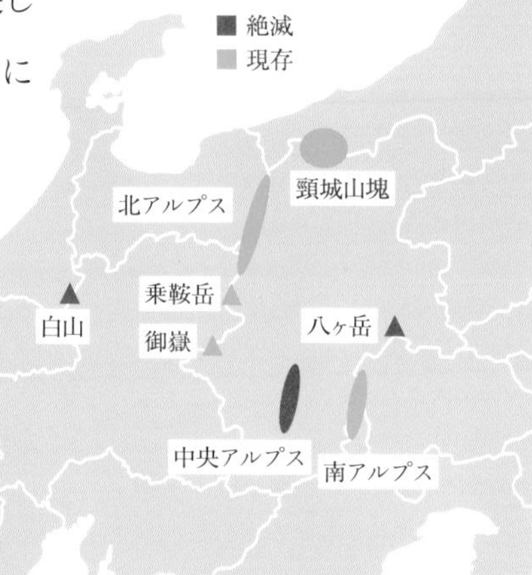

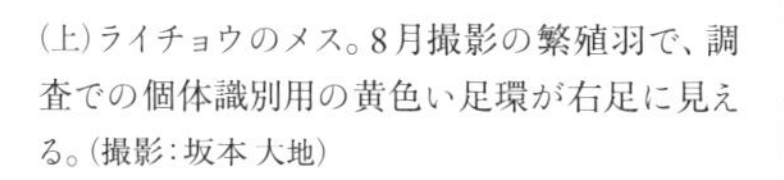

（上）ライチョウのメス。8月撮影の繁殖羽で、調査での個体識別用の黄色い足環が右足に見える。（撮影：坂本 大地）

（下）ライチョウ分布地図。かつては分布していたが絶滅した山岳は白山、八ヶ岳、中央アルプス。

ライチョウ

Lagopus muta japonica

分類

キジ目キジ科ライチョウ属

分布

本州中部山岳

所蔵

長野県宮田村立宮田小学校

採集年月日

不詳

採集地

長野県駒ヶ岳

サイズ

30×20×25cm

絶滅した中央アルプス(駒ヶ岳)産の剝製。足裏の皮膚のDNAを分析した結果、乗鞍岳・北アルプス集団と一致した。

6-002

オオサンショウウオ

古い標本に刻まれていた カエルツボカビの真実

カエルツボカビ病は、20世紀後半から世界中で両生類の大量死を引き起こしている感染症です。カビの一種であるカエルツボカビが皮膚の角質層に寄生することで発症し、皮膚の発疹や赤変などの症状を引き起こしたのち、表皮を通した電解質輸送が阻害されて体内のイオンバランスが崩れて死亡します。

1998年に発見されたカエルツボカビは、中南米、北米、オーストラリアなど世界中に広がって猛威を振るい、少なくとも500種の両生類の個体数を大幅に減少させ、90種を絶滅させたと推定されています。カエルツボカビは、近年のDNA分析によりアジアで遺伝的多様性が高いことがわかり、日本でも在来のイモリ類が比較的高確率で保菌していることが確認されたほか、100年以上前の岡山県産オオサンショウウオの標本からも本種が検出されたことなどから、実は東アジアに起源する日本在来の病原体であったことが示唆されています。

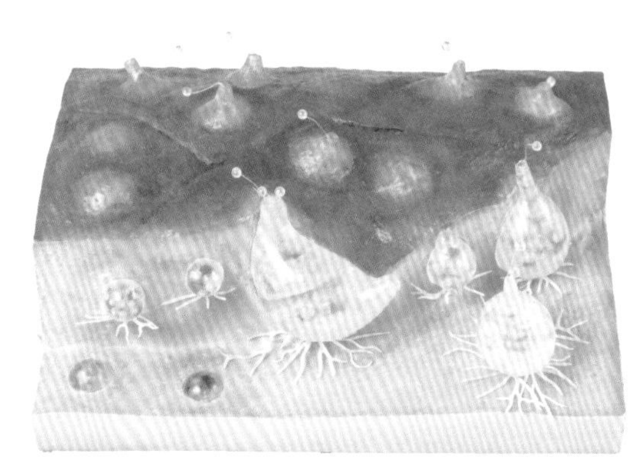

カエルツボカビ（拡大模型）
Batrachochytrium dendrobatidis

分類
フタナシツボカビ目（科不明）

分布
世界各地

所蔵
国立科学博物館

サイズ
34.5 × 22.5 × 16cm

両生類の表皮で成長するカエルツボカビの1,000倍拡大模型。

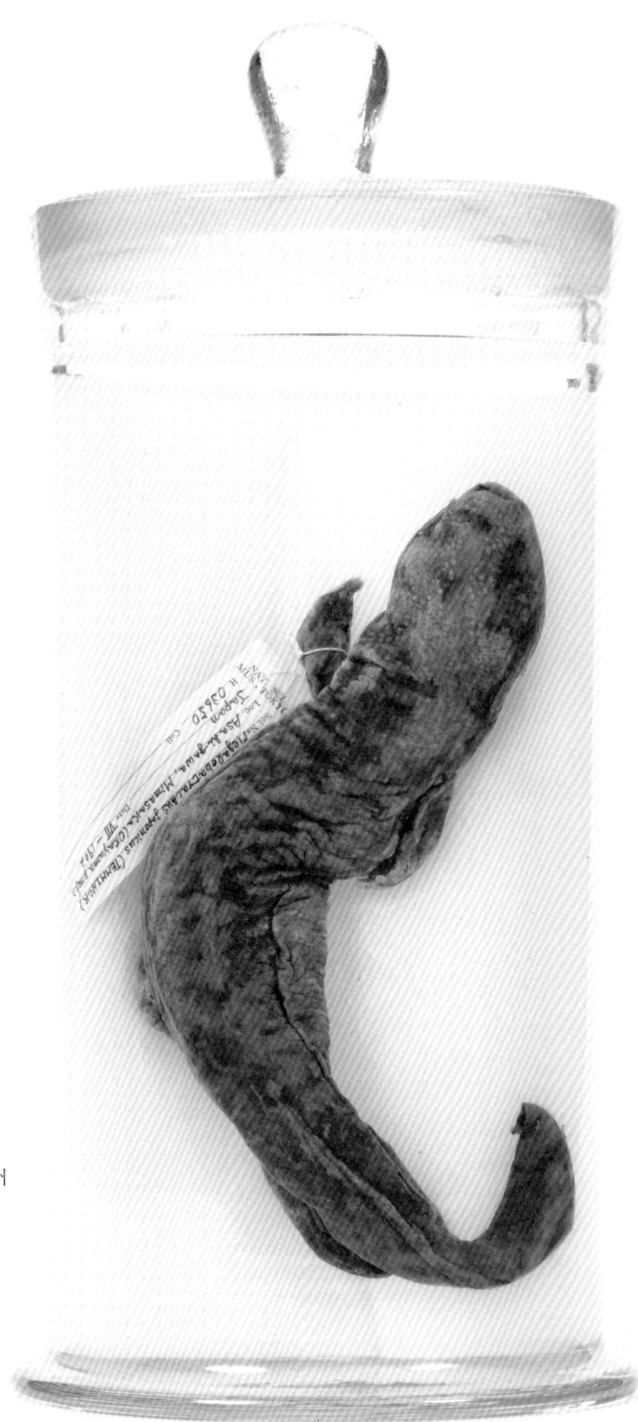

オオサンショウウオ
Andrias japonicus

分類
有尾目
オオサンショウウオ科
オオサンショウウオ属

分布
岐阜県以西の本州・九州

所蔵
国立科学博物館

採集年月日
1902年

採集地
岡山県旭川水系

サイズ
全長35cm

1902年に岡山県で採集された個体で、皮膚の組織検査でカエルツボカビを保菌していたことが判明した。

ツクバハコネサンショウウオ

標本の蓄積は、見逃されていた「新種」の発見につながる

ツクバハコネサンショウウオは2013年に新種記載された茨城県の筑波山塊の固有種で、その分布は筑波山をはじめとして合わせて4つほどの山にしか分布していない希少種です。絶滅危惧IA類（CR）および国内希少野生動植物種に指定されて厳重に保護されています。もともと本州と四国の山地に広く分布するハコネサンショウウオと同種と考えられていましたが、博物館標本や文献の調査からその独自性が示唆され、遺伝子や形態比較にもとづく分類学的研究が進められた結果、筑波山塊の南北10kmほどの非常に狭い範囲にだけ生き残った独立種であることが明らかとなりました。

近年ではこのように広域分布の普通種のなかから、それまで見過ごされてきた希少種が発見される例が相次いでいます。現在は科博の研究者が中心となって、生息状況調査や各生息地の遺伝的多様性の評価や遺伝構造の把握を行うとともに、保全施策の立案に向けた生態解明のための調査などを進めています。

繁殖のために渓流に現れたツクバハコネサンショウウオのメス。繁殖期には指先に黒い爪が現れ、腹部は卵でふくらむ。本種はほかの近縁種に比べて尾が短い。

ツクバハコネ
サンショウウオ
Onychodactylus tsukubaensis

分類
有尾目サンショウウオ科
ハコネサンショウウオ属

分布
茨城県筑波山塊

所蔵
国立科学博物館

採集年月日
2014年

採集地
茨城県筑波山

サイズ
全長14cm

筑波山塊の標高350m以上の場所に生息し、高温と乾燥に非常に弱い。メスの成体(左)と3年目の幼生(右)。

種子がみのらなくなったラン科植物

6-004

古い植物標本に残されたサナギからランミモグリバエが在来種であることを証明

絶滅のおそれのある日本のラン科植物の多くは、ランミモグリバエの脅威にさらされています。幼虫が果実や花茎を食べるので、種子がみのりません。調査を進めると、25属55種類の日本に自生するラン科植物がランミモグリバエに寄生され、被害は北海道から沖縄県まで日本全土におよぶことが明らかになりました。

最近、被害が急増したことから、このハエは外来種では？ との疑いが持たれはじめましたが、文献を調べても被害の記録は1970年代以降に限定され、いつどのように拡がったか手がかりがありません。そこで「おし葉標本」に注目しました。ランミモグリバエは果実のなかにサナギの殻を残すため、おし葉標本に食べた跡が残ります。各地の標本庫で保存されているランのおし葉標本の果実を調べると、日本でおし葉標本が作製された最初期の1890年以後、全国で継続して食害の痕跡が見つかりました。

ランミモグリバエに種子を食べられたクマガイソウの果実。果実のなかが空になっている。

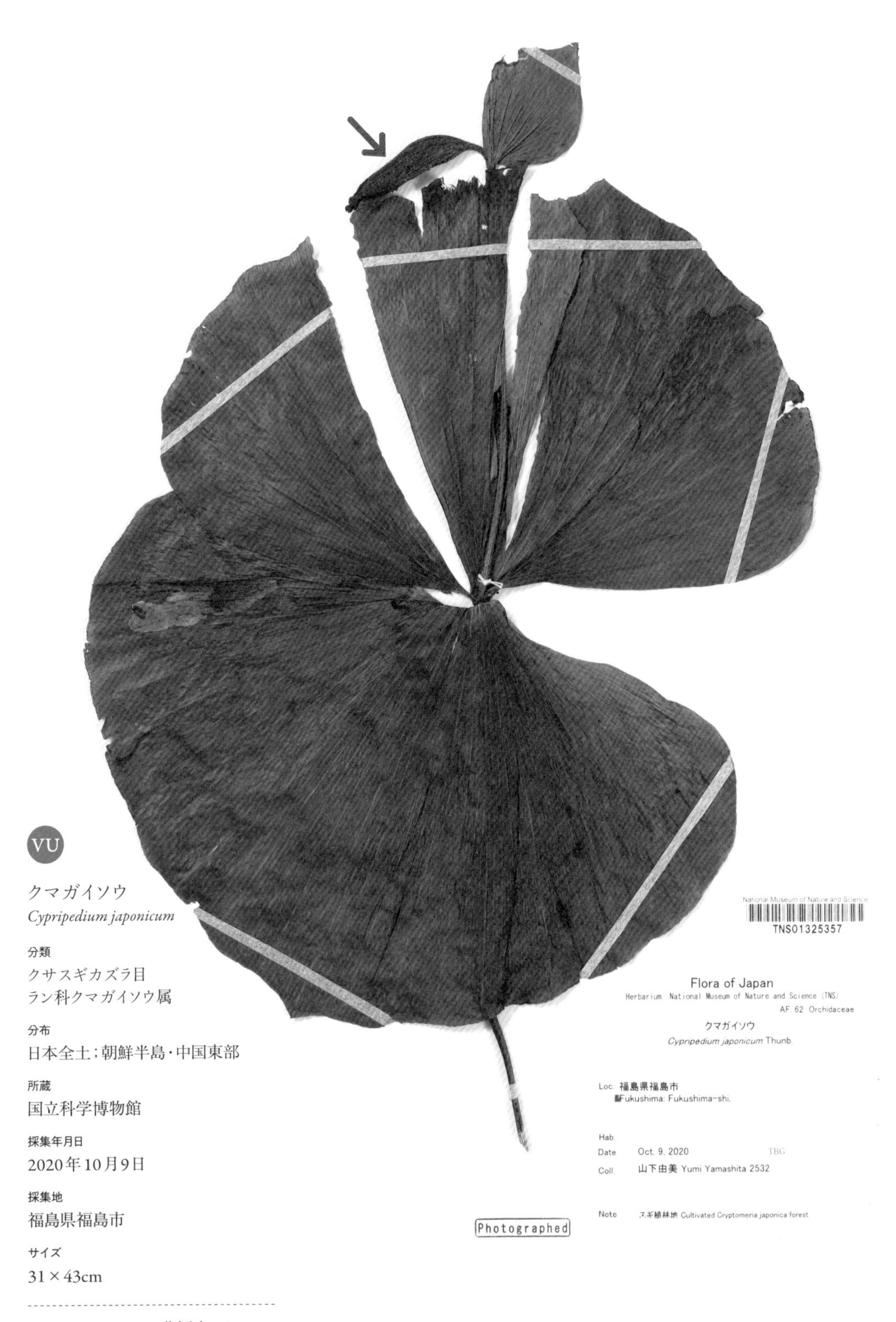

National Museum of Nature and Science
TNS01325357
Flora of Japan
Herbarium. National Museum of Nature and Science (TNS)
AF. 62 Orchidaceae
クマガイソウ
Cypripedium japonicum Thunb.
Loc. 福島県福島市
Fukushima: Fukushima-shi.
Hab.
Date Oct. 9, 2020
TBG
Coll. 山下由美 Yumi Yamashita 2532
Note スギ植林地 Cultivated Cryptomeria japonica forest
Photographed

VU

クマガイソウ
Cypripedium japonicum

分類
クサスギカズラ目
ラン科クマガイソウ属

分布
日本全土；朝鮮半島・中国東部

所蔵
国立科学博物館

採集年月日
2020年10月9日

採集地
福島県福島市

サイズ
31×43cm

クマガイソウのおし葉標本。ランミモグリバエが果実を食べた跡が残っている（図の矢印）。

ランミモグリバエ
Japanagromyza tokunagai

分類
ハエ目ハモグリバエ科
*Japanagromyza*属

分布
日本全土；朝鮮半島・中国

所蔵
九州大学

採集年月日
2021年7月1日

採集地
福島県いわき市

サイズ
長さ約3mm

ササバギンランの果実に寄生した個体。

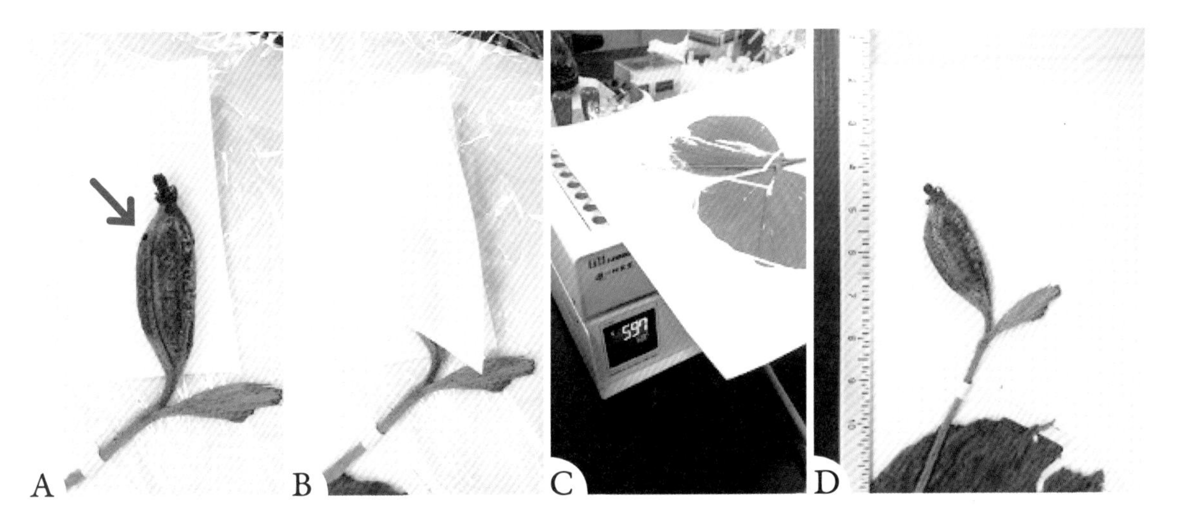

標本からの寄生バエのサナギを採取する方法。(A)サナギが入った果実の下に食品用ラップフィルムと吸湿紙を敷く。(B)滅菌水で濡らした吸湿紙で果実を挟む。(C)60℃で10分間加熱し十分に戻してから、標本を壊さないようサナギを取り出す。(D)サナギを取り出し再び乾燥させた果実。原形を取り戻した。矢印は寄生バエのサナギを示す。

植物標本に残されたサナギからDNAを取り出す

標本の果実に残されたサナギの形態だけでランミモグリバエと同定すると、誤りをおかすかもしれません。次のステップとして、標本のサナギのDNAを使って同定できないか試みました。1920年代から2010年代までに採集されたおし葉標本の果実を濡らした吸湿紙ではさんで加熱し湿らせたあと、最小限の破壊で果実内からサナギを取り出し、DNAを抽出する手法を確立しました。ランミモグリバエを判別できるDNAの塩基配列領域を解読することに成功し、62サンプル中52の塩基配列がランミモグリバエと一致しました。ランミモグリバエが1920年代から継続して標本に寄生し、分布も全国に及ぶことが確実となりました。これらの結果から、ランミモグリバエは最近移入した外来種ではなく、日本在来種と考えられます。また、おし葉標本は、寄生者の来歴や分布を解明する研究資源となることが明らかになり、これからの活用が期待されます。

column

標本からDNAを得る方法

植物のDNA非破壊抽出法

近年のDNA解析技術の進歩により、標本に残されたDNAを使った研究が注目されています。しかし、DNAを抽出するためには標本の一部を破壊することが避けられませんでした。そこで、プロテイナーゼKなどを含む緩衝溶液をおし葉標本の表面にたらして回収することで、標本のかたちを変化させることなくDNAだけを抽出する安価でシンプルな手法を開発しました。わずかでも壊すことが許され

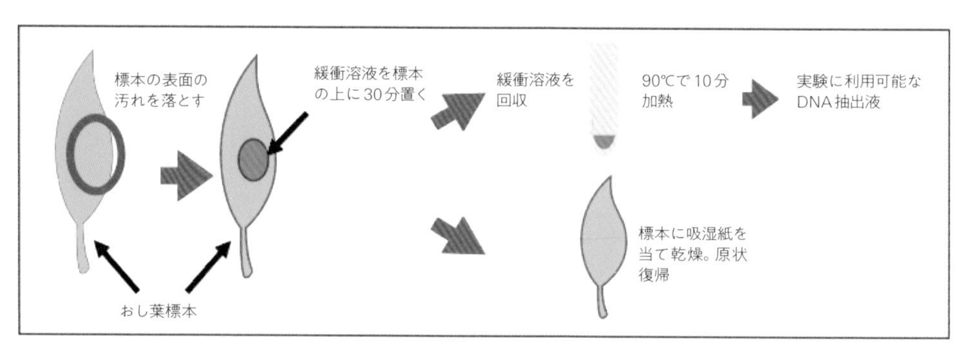

標本の表面の汚れを落としたあと、DNA抽出溶液を30分間置く。DNA抽出された溶液を回収し、DNA塩基配列を解読する。溶液を置いた標本に吸湿紙を当てて乾燥させる。

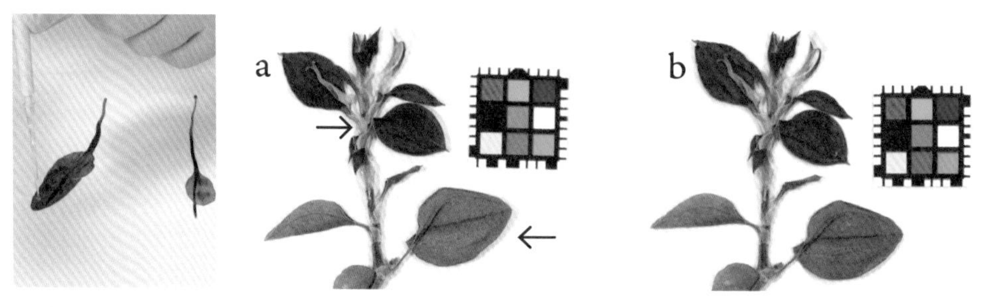

(左)標本の上にDNA抽出溶液を1滴、30分間置くだけでDNAが溶け出す。
(右)aはDNA抽出溶液を置く前、bは溶液を回収したあと。矢印の葉に溶液を置いたが変化はなかった。

ない貴重標本を、分子生物学の研究に利用することを可能にする画期的な手法です。

昆虫標本からDNAを得る方法

昆虫標本からDNAを得るには、脚など標本の一部組織を外してすりつぶし、タンパク質を分解したあとで取り出す方法が一般的です。最近では、標本を壊さずにDNAを取り出す方法も広く使われるようになりました。標本をそのままタンパク質分解とDNAを抽出する液に浸し、その上澄みからDNAを取り出すのです。この方法は、植物標本から非破壊でDNAを取り出す方法の開発の参考となりました。また、DNA解析用に標本の組織を保管する場合は冷凍保存が基本ですが、常温で保存するための方法も開発されています。

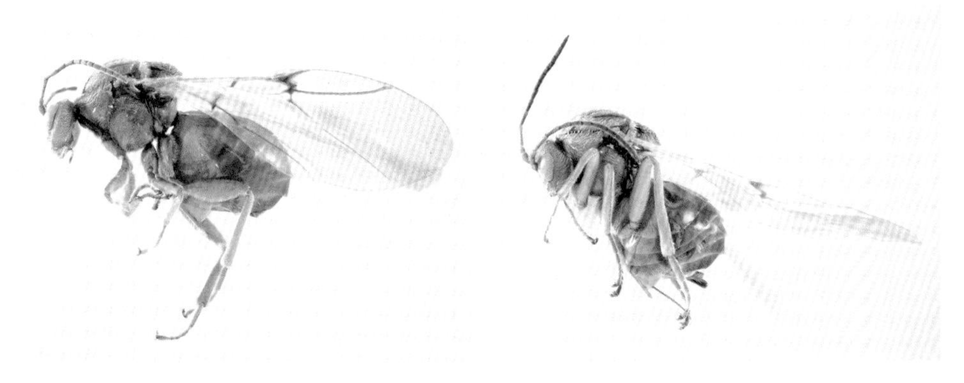

(左)通常のナラメイガタマバチ(*Andricus mukaigawae* ハチ目タマバチ科)標本。
(右)標本を壊さずDNAを抽出した後のナラメイガタマバチ標本。

おわりに

本書は、国立科学博物館上野本館で開催された企画展「発見！ 日本の生物多様性～標本から読み解く、未来への光～」（会期：2021年12月14日～2022年2月27日）の展示内容を元に編集されたものです。この企画展は科博が2020年度まで実施した2つの総合研究「博物館・植物園資料を活用した絶滅寸前種に関する情報統合解析」および「日本の生物多様性ホットスポットの成因と実態の時空的解明」から得られた成果を中心として構成されました。

科博など自然史系博物館が収集するコレクションが活用される場面としては、新種発見に代表される分類学研究が真っ先に挙げられますが、近年はより多様な用途の開拓が進んでいます。上記のふたつの総合研究では、生物コレクションを生物多様性保全に活用することを目指し、さまざまな研究が展開されました。

博物館では新しい標本を追加収集することが優先されがちですが、既に収集済みのコレクションを吟味し分析することも同じくらい大切です。生物コレクションのなかでも、リビングコレクションは生物多様性保全ともっとも相性の良いコレクションですが、その一方で生きていない標本からも実に多様な情報を引き出すことに成功しています。昔の標本は、絶滅や個体数の減少の語り部としてだけでなく、適切な増殖や野生復帰手法を検討するうえでの重要な情報源にもなりうるのです。

近年、自然史コレクションが保管場所不足に陥ったり、手放されたりする事例が相次いでいます。コレクション活用の可能性の新展開や、生物多様性保全に貢献するポテンシャルについて広く知っていただくことが、日本にある自然史コレクションの安定的な保管に多少なりともつながることを期待しています。

最後になりますが、企画展の書籍化を提案いただいたキウイラボの畠山泰英氏には感謝の意を表します。コロナ禍で来館しての観覧が叶わなかった方を含め、ひとりでも多くの方に本書を通して自然史コレクションの役割を知っていただけることを期待しています。

*企画展の様子は「かはくVR」でもご覧いただけます。
https://www.kahaku.go.jp/VR/

科博の維管束植物標本室の光景。

科博標本をもっと知りたい！

7つのQ

Q.1

科博でいちばん古い時代に採られた生物標本*はなに？

＊古生物は除く

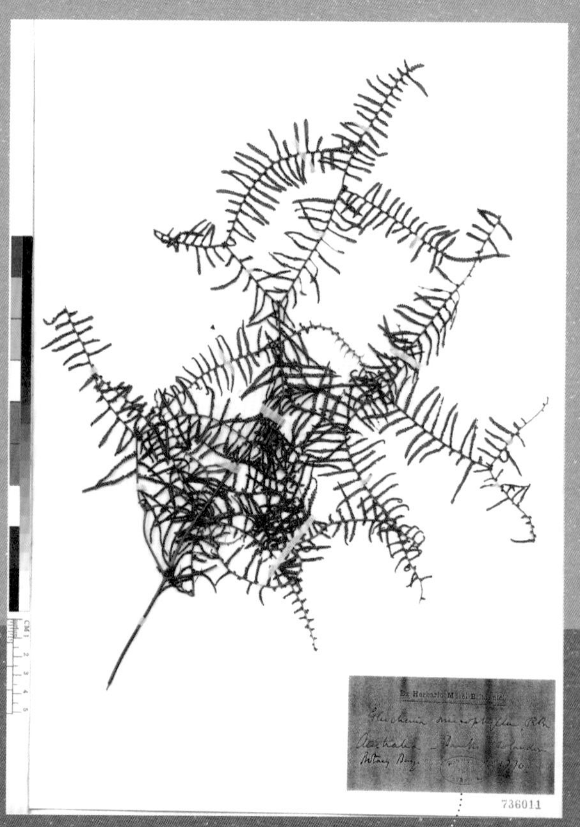

科博最古の標本

図1. 1770年にオーストラリアのボタニー湾で採集された *Gleichenia microphylla* のさく葉標本。

&A

2番目に古い標本

図2. トゥンベリィが1775～1776年に日本で採集したニガクサのさく葉標本。

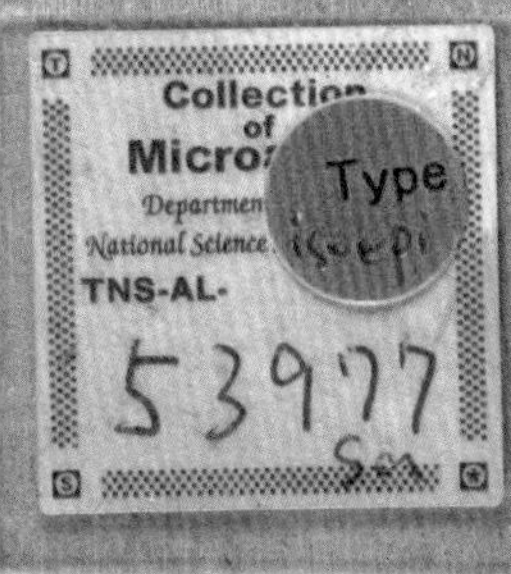

3番目に古い標本

図3. 1802年3月5日に採集された珪藻*Fragilaria pectinalis*のプレパラート標本。ラベルの文字は分与された際に書かれたもの。

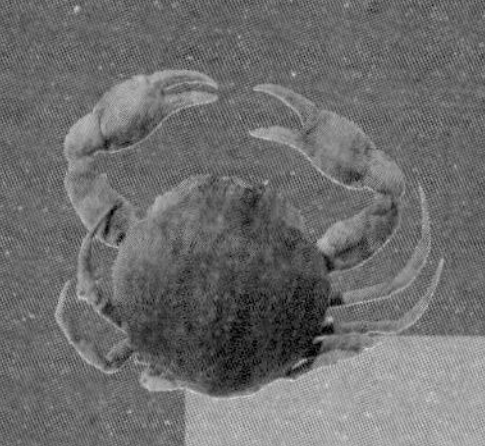

RIJKSMUSEUM VAN NATUURLIJKE HISTORIE, LEIDEN
Philyra pisum de Haan
paratypes 18.18
Japan leg. P. F. von Siebold

図4. シーボルトが日本で採集したマメコブシガニ（上）とイシガニ（下）の標本。

科博最古の動物標本

RIJKSMUSEUM VAN NATUURLIJKE HISTORIE, LEIDEN
Charybdis japonica (A. Milne Edwards)
paratypes 18.18.
Japan leg. P. F. von Siebold

科博最古の標本か？（詳細不明）

図6. エジプトで作られたネコのミイラ。

図5. 幕末に捕獲されたニホンオオカミの頭骨標本。奥多摩の材木置き場に逃げ隠れた個体が崩れた材木により下敷きになって死亡したものと伝えられている。

日本人が採集した科博最古の動物標本

ラベルや関連資料から採集時期が特定できる標本のなかで、もっとも古いのは、1770年にオーストラリアボタニー湾で採集されたシダ植物ウラジロの仲間*Gleichenia microphylla*のさく葉標本(図1)です。ラベルにはBanks Solanderの名前が見え、ジェームズ・クックによる第1回航海の際の採集品であることがわかります。ラベルがオリジナルでなくコピーであるのは惜しまれますが、フランスの国立自然史博物館から2000年代に交換標本として受け入れたものです。

2番目に古い標本は、1775〜1776年に日本で採集されたシソ科の植物「ニガクサ」のさく葉標本(図2)です。日本に約1年滞在したC.トゥンベリィがスウェーデンに持ち帰り、長らくウプサラ大学で保管されていたうちの1点が、2007年のカール・フォン・リンネ生誕300年式典の折に当時の天皇陛下に献上され、その後、科博に下賜されたものです。200年以上の時を経て、日本に里帰りを果たしました。

3番目に古い標本は、1802年3月5日にイギリスのホーンジーで採集された*Fragilaria pectinalis*という名前の珪藻で、微細な生物であるためプレパラートのかたちで標本にされています(図3)。2006年に当館の研究者がこの珪藻について大英自然史博物館の研究者と共同で論文を執筆した際に、大英自然史博物館のパケット乾燥標本(珪藻を含む泥を紙に塗って乾燥させたもの)を使ってスライドを複数枚作成し、そのうちの1枚が当館に分与されたものです。

動物でもっとも古い標本は、シーボルトが日本で採集した甲殻類の標本2点(マメコブシガニとイシガニ、図4)です。1823〜1828年の1回目の日本滞在中に採られたと推定されています。1961年に、日本甲殻類学会が発足した記念として、ライデン国立自然史博物館から贈られたものです。

ここまでご紹介した標本は、いずれも外国産あるいは国外からやってきた人物が採集した標本でした。それでは日本人が採集した標本で最古のものはいつのものでしょうか？ 植物では、江戸時代末期の本草学者、飯沼慾斎(1782〜1865年)が収集したさく葉標本が、まとまった数(1,300点以上)残っていますが、詳細な採集時期は特定されていません。動物では、幕末のニホンオオカミの頭骨標本(図5)が残されており、採集者は不明ながら、日本人によって収集された可能性が高い標本です。このほか、当館にはエジプトで作られたネコのミイラ(図6)も収蔵されており、詳細な採集情報はともなっていないながらも、これがいちばん古い標本かもしれません。

A.1

Q.2 科博のコレクションはどうやって集められてきたの？

500万点にのぼる科博の自然史標本コレクションが辿ってきた歴史（図1）をひもとくのは、動植物だけに限ったとしても簡単なことではありません。そのコレクションのルーツは、1871年に文部省博物局が湯島聖堂での展示のために収集した「天産物」であるとされていますから、およそ150年の歴史をもちます。その間、無数の職員が標本の充実に努め、みずからフィールドに足を運んで収集したり、コレクターに収集を託したり、ときには価値の高い外部のコレクションの寄贈受入や購入を行う、といった取り組みが続けられてきました。ただし、実態は分類群ごとに多様であり、個別に紹介することは叶いません。その代わりに、動植物のコレクション全体に影響を及ぼした過去の重大なできごとを、最大公約数的に見ていくことにしましょう。

科博のコレクションの歴史を振り返るとき、東京国立博物館（東博）のコレクションとの関係が大変重要であるだけでなく、とても複雑です。明治時代初頭、2つの国立博物館がそれぞれ自然史標本を収集していました。一方は現在の東博に続く内務省博物館（のちに所管は何度か変更）、もう一方は現在の科博に続く東京博物館です。ところが後者は、1889年に高等師範学校（筑波大学のルーツにあたる）の付嘱となり、自然史標本は宮内庁所管の帝国博物館（元の内務省博物館、1900年には東京帝室博物館に改称）に丸ごと移管されました。

1923年の関東大震災による被害が契機となって帝室博物館の「天産部」が廃止されると、その自然史標本は東京博物館に移管されました。つまり、一部の標本は東京博物館に里帰りしたことになります。東京博物館は震災ですべての標本を失ったとされていますから、結果論にはなるものの帝国博物館への移管が標本を守ったことになります。台帳の記録によれば、帝室博物館天産部廃止の際に一部の標本は学習院に移管されました。それらの標本は現在でも学習院中等科・高等科に保管されていますが、鳥類の仮剝製は山階鳥類研究所に再移管されたことがわかっています。

東京博物館は1931年に東京科学博物館に改称し、1949年に国立科学博物館になります。コレクションの充実とともに、上野本館での標本保管は困難になり、新宿分館、そして筑波地区へと保管場所が移動しています。

A.2

国立博物館の歴史とコレクション移管の概要

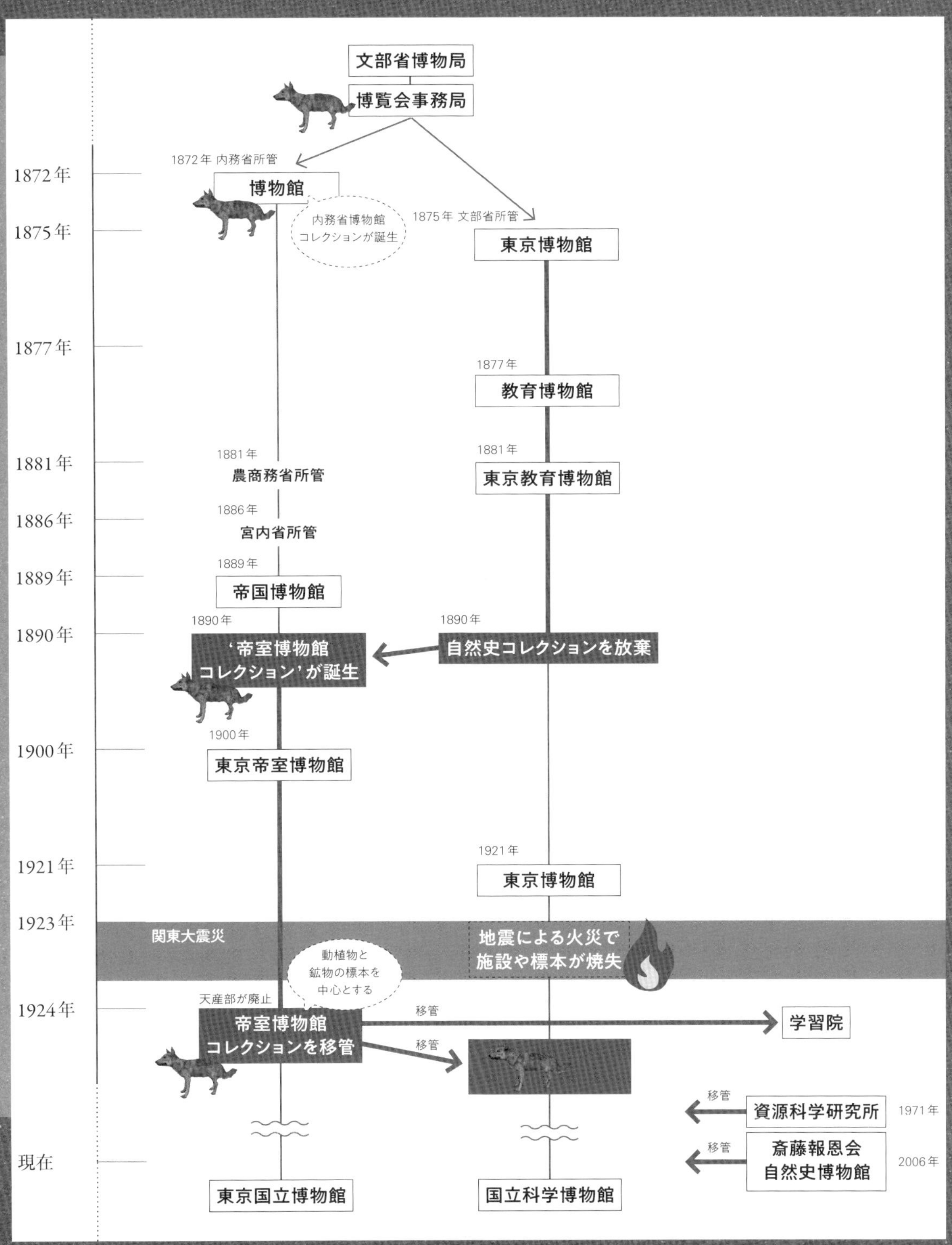

小林・加藤(2017)明治・大正期に収集された国立博物館の鳥類標本コレクションの検証.日本動物分類学会誌 43: 42-61.をもとに作図。

Q.3

「標本」と「リビングコレクション」の違いは？

「リビングコレクション」とは、生きた状態で施設に集められた生物のこと。つまり、動物園・水族館・植物園でみなさんが目にする動植物は、どれも「リビングコレクション」です。生きている生物の寿命は有限で、たとえ継代飼育・栽培をしたとしても、「すべての種を100年後まで生きた状態で完璧に維持する」というような目標はほぼ達成が不可能で、現実味がありません。それに対して、「標本」は死んだ状態にある生物なので、半永久的にすべてが保存されます。永久に維持することが保証されない以上、「生きた標本*」なるものは存在しえないのです。

科博の保有する"標本・資料"は、2022年度末時点で約500万点を数えます。なぜ"標本"ではなく"標本・資料"と呼ぶのかといえば、理工学研究部の収集品の中に手紙などの文書や歴史的価値のある製品のような、「標本」と呼ぶのはふさわしくないものが含まれるためです。一方、動物・植物・地学・人類の各分野の収集品は原則すべてが「標本」です。その中で唯一の例外（標本でないもの）として挙げられるのが、科博の筑波実験植物園が約7万点（株）保有している生きた植物のリビングコレクションです。

リビングコレクションは、標本では実現できない多くの可能性を秘めたコレクションです。標本は、生きているときの形態をとどめており、DNAも部分的には分解されずに残っていますが、それはその生物の持っている情報のごく一部にすぎません。残りの多くの情報は既に失われてしまっています。リビングコレクションは標本に比べると圧倒的な汎用性を誇る研究材料と断言できます。それにもかかわらず、なぜわざわざ標本をつくって保存するのでしょうか？　それはリビングコレクションを維持するためには、多大な労力・スペース・費用が必要であるうえに、飼育・栽培法が確立していない種が多いためです。興味深いことに、筑波実験植物園のリビングコレクションの点数（現在生存している個体数）は、新たな植物が導入され続けているにもかかわらず、ずっと7万点前後で増減を繰り返しています。単調増加する標本とは対照的に、リビングコレクションの場合は現行のスタッフ・スペース・予算で維持できるコレクションのキャパシティがおのずと決まることをよく示しています。

科博には、付属の動物園や水族館はありませんから、公式に保有しているリビングコレクションは植

A.3

物(主に維管束植物)のみです。しかし、実は館内で維持されている生きた生物はほかにも存在します。生きた菌類(特にカビやきのこの仲間、図1)や微細藻類がその代表例です(それぞれ、「菌株」「藻株」と呼ばれます)。これらの微細な生物は、野外で採集したその場で種の同定をするのは難しいことが多く、培養して殖やしたり、生活環上の別のステージを観察したりすることによって同定が可能になることが珍しくありません。また、培養することによって、野外から入手したサンプルではみられなかった特徴が明らかになることもあります。そのため、研究目的で「菌株」「藻株」が維持されています。これらは、研究者が退職等で入れ替われば使われなくなってしまう可能性が高く、科博で将来にわたって維持できる保証がないことから、コレクションではなく一時的な研究材料として扱われています。菌株や藻株は、専門の外部の保存機関に寄託されて維持される場合が多く、科博ではその乾燥標本を半永久保存することによって、効率的にそれぞれのコレクションを充実させています。

図1. 研究材料として科博で維持されている菌株の例。

＊「標本」という言葉
日本語の「標本」に対応する英語として認識されている「specimen」は、研究に使用される材料を広く指しその生死を問いません。そのため、植物のおし葉標本などは、dried specimen＝乾燥標本、上で述べた生きた“標本”はliving specimenあるいはliving collectionといって区別しています。本書では、「標本」を日本語の定義、つまり「生きていない生物」に限定して使用しています。ただし例外として、微生物では、完全には死んでおらず「不活性」な状態にある生物も「標本」に含むことがあります。

Q.4

標本を良い状態で保つ工夫とは？

博物館の生物標本は、ある時、ある場所に、ある生物の種が、ある状態で存在していた証拠として、半永久的に保存していく必要があります。しかし、適切な管理を怠ると、劣化や損傷によって価値を失ってしまうことにつながります。生物多様性の豊富な地域である日本ですが、高温多湿な気候であるうえに、自然災害が頻繁に起こることから、手厚い保存環境維持の努力なくしては生物標本を将来的に伝えていくことは叶いません（図1）。

動植物問わず、乾燥標本は温湿度に敏感です。湿度は、高すぎるとカビが増殖しやすくなります。保存対象のカビ（菌類）の標本の上に、意図しないカビが生えたりしては一大事です。ところが、湿度が下がりすぎると剝製等の表面にひびが入ります。温度が高いと、標本を食べる害虫の活動が活発になり、収蔵庫内で増殖するリスクが高まります（図2）。

そもそも収蔵庫内に害虫の持ち込みを防げれば内部で増殖することもないので、収蔵庫は外部と厳重に遮蔽された構造になっています。新規に受け入れた標本の殺虫処理を徹底するほか、立ち入る人数を最小限にする、靴を履き替える、不必要な荷物の持ち込みを避ける、標本を容器や包装で密閉するなどの対策が効果を発揮します。それでもなお、完全に害虫の侵入を防ぐことは難しいことから、科博の収蔵庫は年1回のガスによる燻蒸を実施しています。一方で、燻蒸ガスは、標本に残されているDNAの断片化を促進する作用がある点に注意を要します。標本保存に使用する素材の酸性度（pH）も慎重に選ばなくてはなりません。植物のさく葉標本の台紙・ラベル等に使用する紙は、長期の保存性に優れた中性紙をかならず使用します。貝類の乾燥標本（貝殻）でも、ラベルや箱などに植物由来の素材が含まれていると、産生される酸性物質と貝殻の炭酸カルシウムとの間に化学反応が発生し、標本が白く崩壊してしまう現象（バイン氏変質）が知られています（図3）。

液浸標本は、密閉容器に保存していても保存液が徐々に蒸発するため、目視確認と液の補充が不可欠です。これをおこたると、標本が干からびて、価値が損なわれてしまいます。確実に保存するため、液浸標本の瓶をさらに大きい瓶に入れて保存液を満たす「二重液浸」にされている標本もあります（図4）。

乾燥標本・液浸標本ともに大敵なのは紫外線で

A.4

す。色が褪せるだけでなく、標本がもろくなって崩壊してしまう場合もあります。収蔵庫に窓はないので日光を直接浴びることはありませんが、作業や研究のために外部の部屋に持ち出す際には十分な注意が求められます。照明器具から発生する微量の紫外線も、継続的に標本に照射すると影響は無視できなくなります。魚類の稚魚では、紫外線で退色する「色素胞」と呼ばれる器官が同定に重要なため、成魚の標本よりも厳重に光を遮断して保管されることが多いです。

日本では、津波や川の氾濫などの自然災害によって、博物館の標本がたびたび大きな被害を受けています。内部の良好な保存環境だけではなく、100年に1回の自然災害を想定した立地の選択など、長期的視点での良好な保存環境の整備が求められています。

図1. 科博の標本が収蔵される自然史標本棟(茨城県つくば市)には、貴重な標本を地震の揺れから守るための免振装置が備えられている。

図2. タバコシバンムシによる食害で跡形もなくなった植物標本。

図3. バイン氏変質を起こした貝殻標本。

図4. クモ類の二重液浸標本の例。

変形菌を採集している様子。

ガを夜間に採集している様子。

Q.5 科博にある標本はどんな人が採ったの？

標本の採集者名は通常ラベルに記されています。科博に収蔵されている標本のラベルに記されている採集者は膨大な人数に上ります。例えば、維管束植物では少なくとも3,500名が確認されていますが、当館の職員はそのうちのごく一部で、大多数の採集者については具体的に経歴が把握されていません。

ところが、標本が採集された曜日を分析すると、その傾向から採集者の行動パターンが見えてきます。維管束植物、コケ植物、菌類などでは、平日に比べ日曜日の採集地点数が倍増しています。これは平日は別の仕事に就き、仕事が休みの日に採集をする非職業研究者（いわゆるノンプロ）の貢献が大きいことを示唆しています。鱗翅類や変形菌は、土曜日の採集点数が日曜日を上まわる点が特徴的です。夜間採集が必要なガの仲間を含む鱗翅類は、翌日が休日である土曜日の夜の採集が好まれる傾向にあるようです。変形菌は土曜日に採集会を催す慣例があったようです。

一方で、多くの動物標本や藻類では、日曜日の採集点数が突出することはなく、これらの分野ではノンプロの貢献度合いが比較的小さいことが読み取れます。生物の分類群ごとに標本採集に関する文化も異なっているのです。

A.5

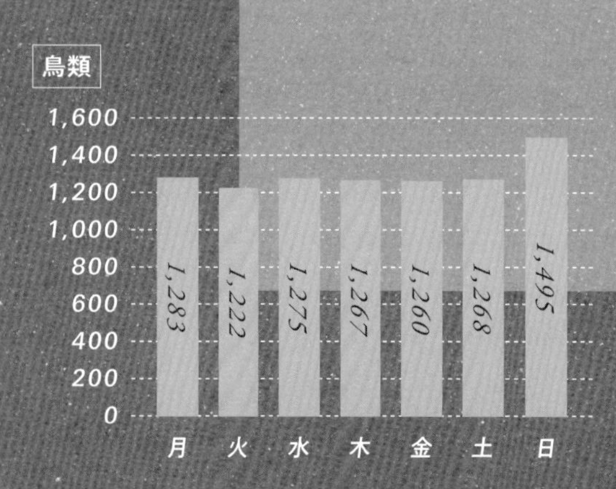

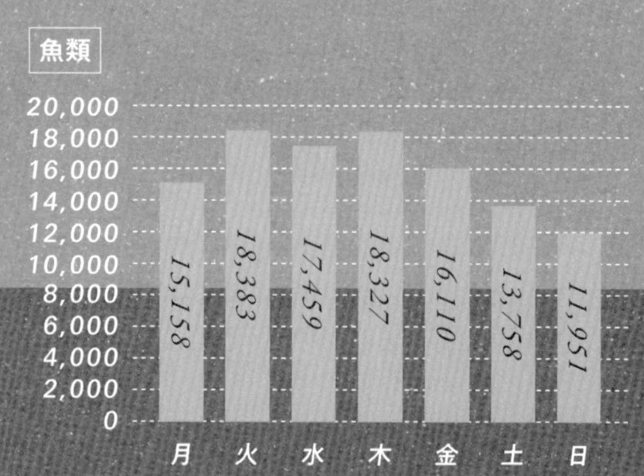

図1.　科博の収蔵する標本(データベース化済み分)が採集された曜日の分類群別集計結果。

Q.6 標本についている赤ラベルはなに？

数ある生物の標本の中で、もっとも重要な標本は「タイプ標本」（基準標本、模式標本ともいう）です。生物の学名は「種」に対して漠然とつけられるのではなく、1〜数点の標本に対してつけられるものなので、ある生物の同定を厳密に行う場合には、学名をつけた際の基準として用いられたタイプ標本との比較が必要なのです。

重要性を示すため、タイプ標本には赤色の文字やマーク（ラベル、テープ、リボンなど。p.127、p.143の「3番目に古い標本」参照）をともなって、目立つように保存されることがしばしばあります。タイプ標本は、万が一の損傷や紛失を避けるため、保管に際しても特別な瓶や棚にしまわれたり、閲覧や貸出を制限するなど、特別な扱いを受けている例が多くあります。

タイプ標本の種類や名称は、生物によって若干異なっています。なぜならば、動物は『国際動物命名規約』、植物や菌類・藻類は『国際藻類・菌類・植物命名規約』にそれぞれ準拠して学名がつけられることになっており、それに関わるタイプ標本の種類や名称も独立に定義されているからです。動植物を通じて、もっとも重要で1点しかないタイプ標本は「ホロタイプ（正基準標本）」と呼ばれます。植物では、重複標本が作られることが多いので、ホロタイプの重複標本は「アイソタイプ（副基準標本）」と呼ばれ、ホロタイプに次ぐ価値の高い標本です。古い時代に発表された種では、1点のホロタイプが明示されていないことが珍しくありません。新種の発表に用いられた複数の標本が残されている場合、それらすべてが「シンタイプ（等価基準標本）」と呼ばれます。異質な特徴を示す標本がある学名のシンタイプに含まれていると、種の同定をめぐって混乱を引き起こすことがあるため、シンタイプの中から1点の代表標本が選ばれる手続きがとられることがあります。選ばれた標本は、「レクトタイプ（選定基準標本）」と呼ばれます。新種発表時に研究に使われながら、ホロタイプには選ばれなかった標本は「パラタイプ（従基準標本）」と呼ばれ、上記の標本と比べると少し格が下がります。

上記すべてのタイプ標本に赤印をつけている分類もあれば、ホロタイプ・レクトタイプ・シンタイプのみ（動物ではこれらを「担名タイプ」と呼びます）に赤印をつけ、パラタイプには赤色以外の目印をつけている分類もあります。

A.6

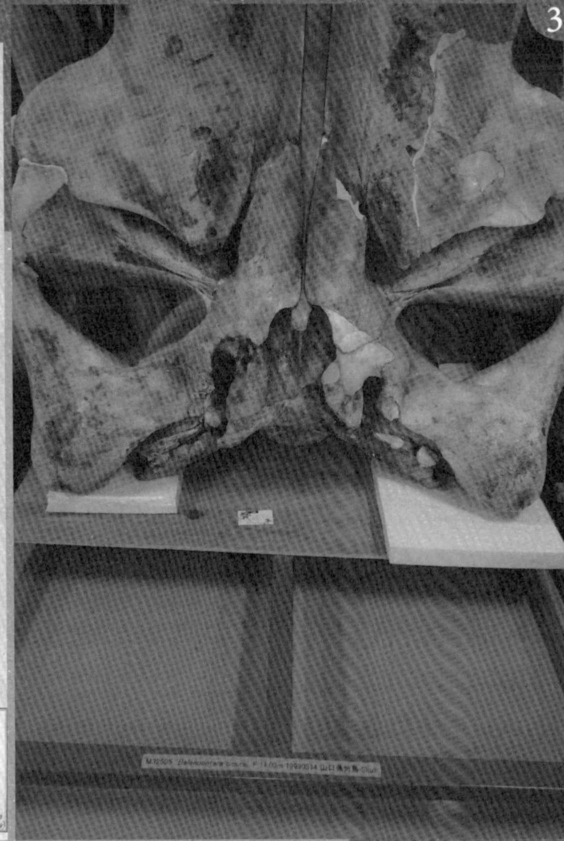

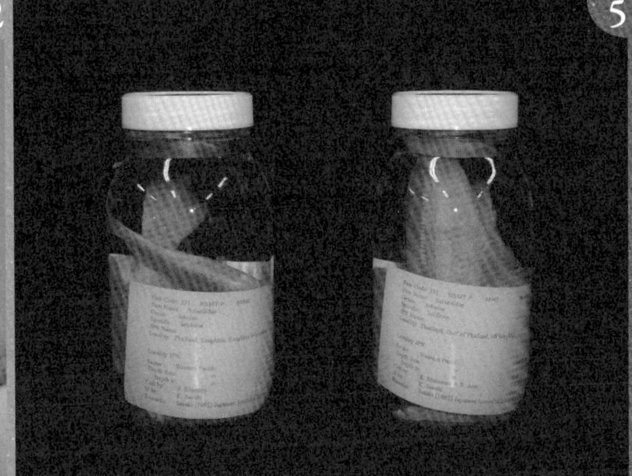

図1. コシガヤホシクサのアイソタイプ標本。右下に赤色の"Isotypus"の印が押されている。

図2. ハチのホロタイプ標本の例。"HOLOTYPE"と学名が書かれた赤い紙が、ラベルの下に固定されている。

図3. 赤地のラベルが貼られているクジラのタイプ標本の例。

図4. 丸い赤地のラベルが貼られた微細藻類のプレパラートのタイプ標本。

図5. リボンで色分けされた魚類のタイプ標本の例。ホロタイプ(右)は赤色のリボン、パラタイプ(左)は青色のリボン。

Q.7

展示されている標本と研究用の標本の違いは？

A.7

「国立科学博物館が所蔵する標本のうち、上野本館の常設展で見られるのはわずか1%」と紹介されることがあります。実際に、科博の標本の大半は茨城県つくば市にある収蔵庫で保管されて、研究に日々活用されています。ところが、常設展で展示されている生物標本は、つくばの収蔵庫から取り出されたものではなく、常設展で展示することのみを目的として新たに作製されたものが少なくありません。

なぜ研究用の標本は常設展にあまり陳列されないのでしょうか？ ひとつ目の理由として、常設展が標本の保存環境として理想的とはいえないことが挙げられます。生物標本は紫外線によって劣化が進むため、通常収蔵庫には窓がなく、照明に当てるのは使用する時だけです。一方、常設展では開館時間中は常時標本が照明で照らさています。このような環境で10年単位の展示をすると、どれだけ展示環境に注意を払っても、生物標本は退色し、劣化していきます。半永久的に保存しなければならない重要な標本をボロボロにしてしまうわけにはいかないので、常設展専用のいわば「消耗品扱い」の標本が準備されることが多いのです。

2つ目の理由として、研究用に作られた標本が、生体とはかけ離れた姿で保管される場合がある点が挙げられます。研究に使いやすい標本は展示物としては訴求力に欠け、魅力的に見える展示物は研究用標本としては使いづらいというジレンマを抱えているのです。企画展や特別展で、研究用標本の期間限定の展示に出会えたならば、大変な幸運です。

分類群	研究用標本の代表的な様態	展示用標本の代表的な様態
哺乳類・鳥類	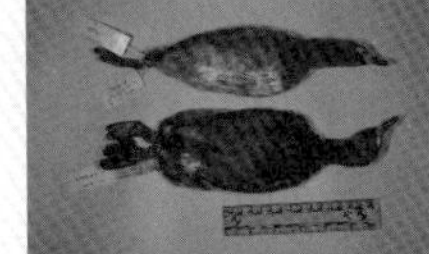 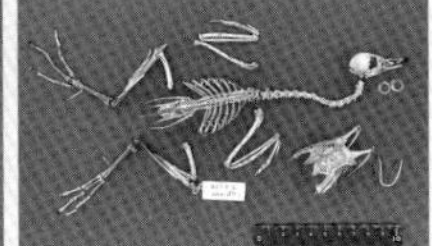 仮剝製・バラバラの骨格	 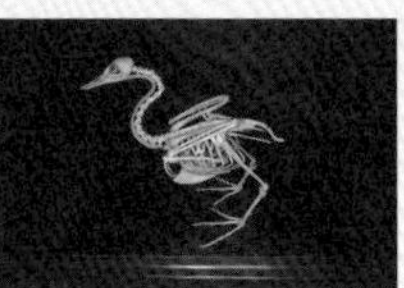 本剝製・交連骨格
両生類・爬虫類・魚類・甲殻類	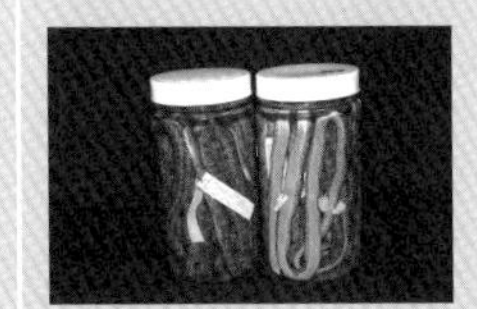 液浸	剝製・乾燥
貝類	  貝殻と液浸	 貝殻・樹脂含浸
昆虫	  乾燥（展翅・展脚しない）	  乾燥（展翅・展脚する）
維管束植物	 乾燥（さく葉）	樹脂封入
きのこ	 乾燥	 凍結乾燥・樹脂含浸・樹脂封入・オイル漬け

図1. 研究用と展示用で標本様態に大きな違いがある生物標本の例（必ずしも同種の標本の写真ではない）。

海老原 淳　えびはら・あつし　1-007, 1-008, 2-001, 5-003, i-col., ii-col.（分担）, v-col.,Q&A

国立科学博物館植物研究部 陸上植物研究グループ 研究主幹。専門はシダ植物の分類学。

生物多様性保全に関する主な活動

・環境省絶滅のおそれのある野生生物の選定・評価検討会委員
・日本植物分類学会絶滅危惧植物専門第一委員会委員
・環境省希少野生動植物種保存推進員

遊川知久　ゆかわ・ともひさ　1-010（分担）,2-002, 2-003, 3-007, 4-004, 4-006, 6-004, iii-col., iv-col, vi-col.（分担）

国立科学博物館植物研究部 多様性解析・保全グループ長。専門はラン科植物の多様性生物学、植物遺伝資源の保全。

生物多様性保全に関する主な活動

・国際自然保護連合種保存委員会ラン科専門部会委員
・日本植物園協会植物多様性保全委員会委員長
・小笠原希少野生植物保護増殖事業検討会委員

中江雅典　なかえ・まさのり　1-003, 2-004, 3-003, 4-001, 4-003

国立科学博物館動物研究部 脊椎動物研究グループ 研究主幹。専門は魚類の系統分類および形態学。

生物多様性保全に関する主な活動

・国内における絶滅危惧魚類の標本収蔵状況調査実施
・日本生物多様性情報イニシアチブワーキンググループ

細矢 剛　ほそや・つよし　3-006, ii-col.（分担）

国立科学博物館植物研究部 植物研究部長。専門は菌類学。

生物多様性保全に関する主な活動

・元地球規模生物多様性情報機構（GBIF）日本ノードマネージャー
・環境省 絶滅のおそれのある野生生物の選定・評価検討会委員
・日本植物分類学会絶滅危惧植物専門第二委員会委員長

吉川夏彦　よしかわ・なつひこ　3-004, 6-002, 6-003

国立科学博物館動物研究部 脊椎動物研究グループ 研究員。専門は両生類の系統分類学、生物地理学。

生物多様性保全に関する主な活動

・山形県・福島県各県版レッドリスト検討委員（爬虫類・両生類）
・茨城県におけるツクバハコネサンショウウオ保全事業等のアドバイザー

神保宇嗣　じんぼ・うつぎ　1-005, 2-005, 3-005, 4-005, 4-007

国立科学博物館標本資料センター 副コレクションディレクター。専門はチョウやガの仲間の分類学。

生物多様性保全に関する主な活動

・環境省 絶滅のおそれのある野生生物の選定・評価検討会委員
・ナショナルバイオリソースプロジェクト（NBRP）情報運営委員会委員長
・日本鱗翅学会自然保護委員会副委員長

国立科学博物館動物研究部

井手竜也 いで・たつや vi-col.（分担）
陸生無脊椎動物研究グループ 研究員

川田伸一郎 かわだ・しんいちろう 1-001, 1-002, 3-001（分担）
脊椎動物研究グループ 研究主幹

田島木綿子 たじま・ゆうこ 3-001（分担）
脊椎動物研究グループ 研究主幹

西海 功 にしうみ・いさお 1-004, 1-006, 3-002, 4-002, 6-001
脊椎動物研究グループ 研究主幹

長谷川和範 はせがわ・かずのり 1-010（分担）
海生無脊椎動物研究グループ 研究主幹

国立科学博物館植物研究部

奥山雄大 おくやま・ゆうだい 5-002
多様性解析・保全グループ 研究主幹

田中法生 たなか・のりお 5-001
多様性解析・保全グループ 研究主幹

保坂健太郎 ほさか・けんたろう 1-009, 2-006
菌類・藻類研究グループ 研究主幹

写真提供者・撮影協力者（50音順）

hanafactory、浦安市郷土博物館、奥村賢一、國府方吾郎、小松浩典、酒田市立光丘文庫、坂本大地、島野智之、鈴木和浩、高山浩司、東京大学総合研究博物館、辻 彰洋、堤 千絵、中山博史、並河 洋、根室市歴史と自然の資料館、野村周平、畑晴陵、原 有助、文一総合出版、村井良徳、脇 司

〈標本〉の発見
科博コレクションから

2023年11月25日　初版第1刷発行

編著者
国立科学博物館

発行者
佐藤今朝夫

発行所
株式会社国書刊行会
〒174-0056 東京都板橋区志村1-13-15
tel 03-5970-7421　fax 03-5970-7427
https://www.kokusho.co.jp

印刷所
吉原印刷株式会社

製本所
株式会社難波製本

AD
三木俊一

デザイン
西田寧々（文京図案室）

撮影
宮本英樹

編集
畠山泰英（株式会社キウイラボ）

ISBN978-4-336-07563-5
落丁・乱丁本はお取り替えいたします。